Das Auflösen und Wiederherstellen des Federharzes, genannt: Gummi elastikum; zur Darstellung luft- und wasserdichter Gegenstände ꝛc.

von

Dr F. Lüdersdorff.

Berlin,
im Verlage bei J. W. Boike.
1832.

Vorwort.

Wiewohl die nachstehende Schrift eigentlich nur für Techniker bestimmt ist, denen, im Ganzen genommen, die plane Aufdeckung des Problems der Federharzauflösung genügen könnte, so habe ich es doch für nöthig erachtet, die Leser, so viel als möglich den theoretischen Weg zu führen. Nicht allein um sie auf die Schwierigkeit der Sache aufmerksam zu machen, sondern hauptsächlich um sie, bei sich darbietenden, vortheilhaft scheinenden Modificationen des Verfahrens, in den Stand zu setzen, das, worauf es ankommt, beurtheilen, und, im Voraus, das Mögliche des Gelingens erwägen zu können. Wenn diese Auseinandersetzungen nun den größeren, die Handhabung der Auflösungen selbst aber den kleinern Theil der Schrift einnehmen, so glaube ich deshalb keinen Tadel zu verdienen, da dieser Theil erstlich das Wesentliche enthält, und zweitens nicht zu verlangen ist, daß der theoretische Techniker die, für die hundertfältig möglichen Zwecke, beste Benutzungsweise durchversucht haben soll. — Wie, und auf welche Weise der Praktiker für seinen jedesmaligen Zweck also zu verfahren hat, muß ich ihm natürlich selbst überlassen, und mich begnügen, ihm die Sache nutzbar in die Hand gegeben zu haben.

Berlin, im Juli 1832.

Der Verfasser.

Geschichte des Federharzes.

Das Federharz war schon zu Anfange des 18ten Jahrhunderts in Europa bekannt, doch wußte man so lange nichts Bestimmtes über seinen Ursprung, bis de la Condamine die erste, genauere, Nachricht davon gab. Condamine, den seine naturhistorischen Reisen auch nach Südamerika führten, fand hier das Federharz von den Eingeborenen zu mannichfachen Geräthen bearbeitet, und seine Nachforschungen führten ihn bald auf den Ursprung dieser eigenthümlichen Substanz. Er gab hiervon im Jahre 1751 die erste gedruckte Nachricht, und bezeichnete das Federharz als einen eingetrockneten Pflanzensaft, den die Eingebornen aus einem Baum gewönnen, und, indem sie zu wiederholten Malen thönerne Modelle damit bestrichen, dem Federharz die eigenthümliche Flaschenform gäben, unter welcher es in den Handel kommt. Spätere Reisende bestätigten diese Nachricht im Allgemeinen, fanden indeß, daß mehrere Gewächse Federharz in ihrem Safte enthielten, und auch zur Gewinnung desselben benutzt wurden. Dahin gehören: Siphonia elastica, Castilleja elastica, Hippomene biglandulosa, Ficus religiosa und indica, Artocarpus integrifolius, Urceolaria elastica und einige andere. Auch bei uns kommen mehrere Pflanzen vor, welche Federharz, und zum Theil in nicht unbedeutender Menge enthalten, z. B. die Euphorbien, der Mohn und andere; indessen belohnt es sich doch nicht der Mühe, diese kleinen Gewächse darauf anzubauen, da, nach meinen Versuchen, nur mit dem freiwillig ausfließenden Safte, nicht aber mit dem ausgepreßten, Federharz zu gewinnen ist. Aus diesem Grunde werden wir denn wohl immer auf das fremde Federharz, es müßte denn möglich werden dasselbe künstlich darzustellen, beschränkt bleiben. Von den bereits genannten exotischen Gewächsen liefert nur der Saft der Siphonia elastica, einem Baume Südamerika's, der sonst den Namen Siphonia Cahucu, Hevea Guianensis, Hevea Cautschuc und Jatropa elastica führte die größte Menge, und er wird daher hauptsächlich auf Federharz benutzt. Um es zu gewinnen, macht man am untern Theil des Stammes Einschnitte durch die Rinde bis auf's Holz, wo denn der Saft ausfließt und sogleich auf Thonformen gestrichen und über Feuer getrocknet wird.

Ungeachtet aber das Federharz im Saft dieses Baumes ziemlich reichlich vorhanden, und der Baum selbst nichts weniger als selten ist, so führte uns der Handel dasselbe bis jetzt doch nur spärlich zu, und es erschien früher sogar als eine Seltenheit. Der hinreichende Grund hierzu war indessen der Mangel seiner Benutzung, denn außer zum Verwischen von Bleistiftzeichnungen, wußte man anfänglich keinen weiteren Gebrauch davon zu machen. Erst später lernte man das Federharz mehr und mehr anwenden, es erschien somit häufiger im Handel, und zwar, ungeachtet der größeren Nachfrage, zu bedeutend niedrigeren Preisen. So kam es denn auch nicht ausschließlich mehr in Flaschenform, sondern auch als dicke Platten, welche den Namen Gummispeck führen, und als Halbstiefeln, die an Ort und Stelle über Thonformen gebildet, hier aber zu Ueberschuhen zugeschnitten werden, auf unsere Märkte.

Der Gummispeck macht die wohlfeilste Sorte aus. Er bildet ziemlich unförmliche Platten von zwei Zoll Dicke, zwei Fuß Länge und etwa einem Fuß Breite. Auf der Oberfläche ist er rauh und schwarz, im Innern dagegen, d. h. innerhalb einer etwa liniendicken, durchscheinenden Rinde, weiß, undurchsichtig und porös. Er riecht sehr unangenehm faulig, wie Käse, gleicht in seinem Aeußern, mit seinen Poren, die öfter eine stinkende Feuchtigkeit enthalten, dem Käse überhaupt. Wahrscheinlich wird dieser Gummispeck dadurch gebildet, daß man am Stamme des Baumes eine flache Rinne in die Erde scharrt, und nun ohne weiteres den Saft hier hinein fließen und austrocknen läßt. Durch die Länge der Zeit, welche zu diesem Austrocknen, obgleich die umgebende Erde den größten Theil der begleitenden Flüssigkeit einsaugt, nöthig ist, geräth die Masse zum Theil in Fäulniß, und veranlaßt die Porosität sammt dem fauligen Geruch. Im Uebrigen ist dieser Gummispeck dem Federharz in Flaschenform ganz gleich, also besonders zur ferneren Verarbeitung geeignet, da seine größere Wohlfeilheit, welche, im Vergleich zu dem Federharz in Flaschen, aus der geringen Bearbeitung entspringt, ihm den Vorzug giebt.

Noch in einer dritten Gestalt kommt das Federharz, wiewohl seltener, zu uns: nämlich flüssig in festverschlossenen kupfernen Gefäßen, oder in Federharzflaschen selbst. Es ist hier jedoch nichts weniger als rein, sondern mit dem ganzen Pflanzensaft, woraus es gewonnen wird, gemischt, und beträgt etwa 40 Prozent desselben.

Physische und chemische Beschaffenheit des Federharzes.

Das Federharz ist von jeher vielfältigen Versuchen unterworfen gewesen, und besonders haben sich um die wissenschaftliche Untersuchung desselben Macquer, Berniard, Achard, Fourcroy, Grossart, Howison, Fabroni, Roxburg und Faraday verdient gemacht. Nach ihnen ist es im Saft der vorgenannten Pflanzen keineswegs wirklich aufgelöst, sondern nur, obgleich in weicher Gestalt, als außerordentlich kleine Partikelchen vertheilt, die, den organischen Gesetzen nach, vielleicht nur in dünnen Häutchen von Pflanzeneiweis eingeschlossen sind. Jene Pflanzensäfte erscheinen daher immer als eine weiße undurchsichtige Milch, aus der nach Beseitigung des wäßrigen Antheils, die Federharzpartikelchen zu einer Masse zusammen treten. Aus dieser Ursache wählt man zur Darstellung der Flaschen 2c. Formen von Thon, welche gleich einen großen Theil der Feuchtigkeit einsaugen und das Federharz als dünnes Häutchen auf der Oberfläche zurücklassen. Durch oft wiederholtes Ueberziehen dieser Formen, erhält man endlich die dickeren Flaschen, die, der Fäulniß vorzubeugen, welche auf Geheiß des mitkoagulirten Pflanzeneiweißes bald eintreten würde, über Feuer getrocknet, und nachher von der Form durch Aufweichen oder Zerschlagen derselben befreit werden.

Der Saft der Siphonia elastica enthält in 100 Theilen 31,7 Federharz, 1,9 Pflanzeneiweis, verbunden mit Spuren von Wachs, 7,13 eines bitteren, stickstoffhaltigen in Wasser und Weingeist löslichen Stoffes, 2,9 einer nur in Wasser löslichen Substanz und 56,37 Wasser.

Das flüssige Federharz, welches in den Handel kommt, gleicht im Allgemeinen einer solchen Pflanzenmilch, doch ist es dicklicher, und zwar wie Milchrahm. Seine Farbe ist blaßgelb, der Geruch säuerlich und faulig. Es bedeckt sich bald mit einem Häutchen von koagulirtem Federharz, welches ganz die Beschaffenheit des gewöhnlichen hat. Eben solche Häutchen erhält man, wenn der Saft auf feste Körper aufgestrichen wird, wobei sie durchsichtig werden und eine gelbbraune Farbe annehmen. Wird der Saft erhitzt, so gerinnt er augenblicklich — was von dem in ihm enthaltenen Pflanzeneiweis herrührt — und das Federharz schwimmt nun wie frischer Käse in den Molken. Dasselbe tritt ein, doch langsamer, wenn man den Saft längere Zeit sich selbst überläßt, und mit dem Unterschiede, daß die geronnene Masse sich auf die Oberfläche der klarwerdenden Flüssigkeit erhebt, und hier noch im ungeronnenen Zustande verweilt. Durch Verdünnen des Saftes mit Wasser ist kein Gerinnen hervorzubringen; doch erfolgt dies auch jetzt sogleich, wenn die Flüssigkeit erhitzt wird. Weingeist veranlaßt dagegen sogleich ein Gerinnen, fast unter denselben Umständen wie eine Erhitzung. Alkali koagulirt den Saft nicht, sondern entwickelt den an sich schon bemerkbaren fauligen Geruch nur noch mehr.

Um das Federharz nun aus dieser Flüssigkeit möglichst rein darzustellen, verdünnt man dieselbe in einem Gefäß, welches durch eine Bodenöffnung ein Abzapfen erlaubt, mit dem Vierfachen seines Volumens Wasser, und überläßt das Ganze 24 Stunden sich selbst. Während dieser Zeit erhebt sich das Federharz auf die Oberfläche, indem es leichter als der übrige Pflanzensaft ist. Man zapft diesen nun sehr behutsam, weil sich das oben schwimmende Kautschuck leicht wieder damit vermischt, ab, und wiederholt dieselbe Operation mit frischem Wasser etwa viermal. So sind endlich die kleinen Theilchen, wenigstens auf ihrer Oberfläche, abgewaschen und von den übrigen Bestandtheilen des Pflanzensaftes befreit; man hat das Federharz also in einer losen, außerordentlich fein vertheilten Beschaffenheit, in der es bei der leisesten Berührung sich sogleich wieder mit dem Wasser zu einer weißen Milch vermischt. Um es in Zusammenhang zu bringen, braucht man nur das Wasser soviel als möglich abzulassen, und die übrigbleibende konzentrirte Milch auf Löschpapier oder trockenen Thon zu gießen. Das übrige Wasser wird dadurch abgesaugt und die sich nun berührenden Federharztheilchen vereinigen sich zu einer Masse, welche eine weiße undurchsichtige Haut bildet, die erst nach einiger Zeit, unter Verlust des eingeschlossenen Wassers, durchsichtig und klar wird.

Das so dargestellte Federharz ist, wenn auch nicht als absolut rein und frei von allen pflanzlichen Begleitssubstanzen, doch als am reinsten zu betrachten. Es ist in diesem Zustande farbenlos, und nur in ganz dicken Stücken gelblich, dabei ziemlich durchsichtig. Sein Geruch ist schwach aber eigenthümlich; es ist geschmacklos. Ohne eigentlich klebrig zu seyn, haftet es schwach an andere Körper an, besonders, wenn man durch einen Schnitt eine neue Oberfläche bildet, und diese Eigenschaft, auf der die Fähigkeit Bleistiftstriche wegzunehmen beruht, behält es lange Zeit bei. Bringt man zwei frisch geschnittene Stücke mit den Schnittflächen, ohne diese durch Berühren fettig oder überhaupt durch fremdartige Dinge unrein gemacht zu haben, zusammen, so kleben beide Stücke fest, durchaus wieder ein Ganzes bildend, an einander, so daß sie nicht mehr getrennt werden können.

Das Federharz besitzt von allen festen Körpern die größte Elastizität; selbst zu den dünnsten Häutchen ausgedehnt, zieht es sich wieder, und zwar anfänglich schnell, später etwas langsamer, zu seinem ersten Umfange zusammen. Das Durchsichtige wird bei starker Ausdehnung unklar und perlfarben, geht jedoch beim Nachlassen wieder in seinen klaren farblosen oder gelblichen Zustand zurück. In der Kälte wird es hart, doch niemals spröde, erweicht sich jedoch in der Wärme sehr bald wieder, und verträgt nun eine bedeutende Erkältung ohne sogleich wieder hart zu werden, was erst nach längerer Zeit erfolgt. Selbst bei gewöhnlicher Temperatur verliert es, wenn es lange Zeit ruhig gelegen hat, seine Biegsamkeit und Weiche, erhält jedoch auch diese ungeschwächt wieder, sobald es durch gewaltsames Biegen in seiner Masse erschüttert oder gelinde erwärmt wird. Beim Ausdehnen entwickelt es, wahrscheinlich durch die Reibung seiner Theilchen, Wärme. Hat man es durch ein angehängtes Gewicht etwas ausgedehnt, so zieht es sich in der Wärme mehr zusammen, dehnt sich in der Kälte aber weiter aus. Es ist gleich andern Harzen ein Nichtleiter der Elektrizität, und sein spezifisches Gewicht steht etwas unter dem des Wassers, es beträgt 0,925, so daß es also auf dem Wasser schwimmt.

Eben dieselbe Beschaffenheit zeigt das in Flaschen zu uns kommende Federharz; nur ist dies in Folge des Trocknens über Feuer, und des dabei anschlagenden Rauches, besonders auf der Oberfläche, gelb, braun oder schwarz. Der Gummispeck gleicht dagegen dem eben aus dem emulsiven Zustand zum Zusammenhang gebrachten Federharz. Er ist im Innern weiß und undurchsichtig, enthält also noch einen Antheil Wasser, wahrscheinlich in einem eigenthümlichen Zustande, dabei ist er härter und wenig biegsam. In dünnen Stücken längere Zeit einer mäßigen Wärme ausgesetzt, verliert er sein Wasser, welches gegen 12 Prozent beträgt, wird durchsichtig, gelblich und nun vollkommen biegsam und elastisch wie das übrige; auch verliert sich hierbei der üble Geruch, an dessen Stelle der schwache Kautschuckgeruch hervorkommt.

Aus seinem Zusammenhange ist das Federharz durch kein mechanisches Mittel wieder in den feinvertheilten aufgeschwemmten Zustand zurückzuführen; denn obgleich dasselbe selbst im kalten, schneller in kochendem Wasser wiederum weiß und besonders an den Kanten undurchsichtig wird, dabei unter Erweichung etwas aufschwillt, sichtbar also Wasser aufnimmt, so ist es doch unverändert. Es ist in diesem Zustande zwar etwas weniger elastisch und reißt beim Ausdehnen leichter, aber außerdem hat dieser hydratische Zustand keinen weiteren Einfluß auf die übrigen Eigenschaften; auch geht es bald wieder in seine frühere klare Beschaffenheit zurück, und ist selbst durch das anhaltendste Kochen mit Wasser nicht zu verändern. Ob die Aufnahme eines gewissen Antheils Wasser wirklich von Seiten des reinen Federharzes geschieht, oder ob das, gewiß immer mit demselben gemengte koagulirte Pflanzeneiweis das Wasser allein aufnimmt, ist schwer zu bestimmen, da das Federharz in seinem ganz reinen, namentlich von Pflanzeneiweis befreitem Zustande noch unbekannt ist.

Wirkliche Auflösungsmittel des Federharzes existiren nicht; denn wenn schon es bei Berührung mit einigen Substanzen seine äußere Beschaffenheit ändert, ohne seine chemische Natur zu verändern, so geht es doch in keine wirkliche Auflösung, sondern erscheint immer nur im höchst erweichten Zustande. Alkohol, selbst absoluter, d. h. völlig wasserfreier, verändert das Federharz gar nicht; im wässrigen aber wird es weiß und unklar, indem es von demselben Wasser anzieht.

Schwefeläther wirkt dagegen schnell darauf ein, doch

muß er sehr rein, und namentlich vom beigemischten Alkohol frei seyn. Um ihn so zu reinigen muß man denselben zu wiederholtenmalen mit erneuerten Portionen kalten Wassers (etwa 2 Theile Wasser auf 1 Theil Aether dem Maaß nach) heftig schütteln, und dann den obenaufkommenden Aether schnell abgießen, und die Flasche, worin er aufbewahrt wird, fest verstopfen. Bei dieser Operation wird nämlich der im Aether enthaltene Alkohol vom Wasser aufgenommen, wogegen sich zwar etwas Wasser dem Aether beimischt, was jedoch, als indifferente Substanz, seiner Wirkung auf das Federharz nicht hinderlich ist. Wirft man nun Federharzstückchen in so gereinigten Aether, so schwellen sie darin außerordentlich auf und werden gallertartig. Man kann hierbei sehr deutlich die Lagen erkennen, welche durch das öftere Ueberstreichen der Form mit dem kautschukhaltigen Pflanzensafte gebildet sind. Es sind solcher Lagen oft 50 bis 60. Ist das Aufschwellen durch und durch erfolgt, so scheint eine wirkliche Auflösung einzutreten; doch ist dies nur scheinbar, denn wenn selbst die Flüssigkeit nachher ganz gleichmäßig aussieht, und die Federharzstückchen darin völlig verschwunden sind, so deutet doch zuerst, die immer trübe opalisirende Beschaffenheit derselben schon darauf hin, daß sich das Federharz in einem anderen, als wirklich gelösten Zustande darin befindet. Streicht man ferner diese sogenannte Auflösung, sie mag nun viel oder wenig Federharz enthalten, auf Körper, welche Flüssigkeiten schnell einsaugen, wie trockner Thon oder Löschpapier, so dringt zwar ein Antheil Aether hindurch, nicht aber das darin enthalten gewesene Federharz. Dies bleibt gänzlich auf der Oberfläche des porösen Körpers zurück, wird also wirklich vom Aether abfiltrirt. Wäre nun das Federharz wirklich aufgelöst gewesen, so hätte ein derartiges Abscheiden nicht statt finden können, denn ein fester Körper, der in einem flüssigen aufgelöst ist, kann durch keine mechanische Filtration davon getrennt werden. Es geht hieraus also hervor, daß das Federharz im Aether nur aufschwillt, und sein Volumen, unter höchster Erweichung, so weit vergrößert, daß es denselben Raume innimmt, den ihm der Aether darbietet, und, bei weiterer Verdünnung, wenn auch außer Zusammenhang, doch nur in mechanische Vertheilung und nicht in wirkliche Auflösung kommt.

Wenn man dies Präparat, wir wollen es der Kürze wegen übrigens Auflösung nennen, indem öfter von demselben, und ihm beschaffentlich analogen Mischungen die Rede seyn wird, der Luft aussetzt, so verdunstet der Aether sehr schnell und das Federharz bleibt als eine Masse zurück, welche durchaus wieder Federharz mit allen seinen früheren Eigenschaften ist. So kann man mit dieser Auflösung also, wenn man sie auf Formen von Thon streicht, allerlei Gegenstände darstellen, oder auch Zeuge und dergleichen, die man luft- und wasserdicht machen will, damit überziehn. — Wird Alkohol in die Auflösung gegossen, so verbindet sich derselbe mit dem Aether und das Federharz fällt in weichen Klumpen nieder, die an der Luft härter werden und dem gewöhnlichen Federharz wiederum gleich sind.

Die ätherischen Oele wirken in derselben Weise wie der Aether. Das Federharz schwillt darin, und zwar noch leichter, eben so auf, und vergrößert sich bis über das 50- und 60fache seines anfänglichen Volumens. Aber nicht in allen diesen Oelen erfolgt das Aufschwellen gleich schnell und in gleichem Maaße. Besonders schnell geschieht es indeß in den brenzlichen Oelen, wie Stein-, Wachs- und Steinkohlentheer-Oel, dann in Terpentin- und Rosmarinöl; weniger schnell dagegen in Lavendel-, Nelken- und Zimmtöl. In Terpentin- und Steinöl erfolgt das Aufquellen in dem Maaße, daß 1 Theil Federharz in 12 bis 14 Theilen dieser Oele noch eine steife Gallerte bildet, welche anfänglich nur aus den in ihrer Form unveränderten, bloß aufgequollenen Stückchen besteht, so daß sämmtliches Oel, unter Vergrößerung des Volumens der Federharzstücke, von demselben eingesogen erscheint. Zerrührt man diese Gallerte in einer Reibeschaale, so wird die Masse gleichartig und bildet eine zwar schmierige aber noch etwas elastische Salbe. Auch mit den übrigen ätherischen Oelen ist eine gleiche Masse darzustellen. Der Zustand des Federharzes ist in dieser Verbindung nun ganz derselbe wie im Aether. Es ist darin unter Erweichung nur vertheilt, nicht aber gelöst. Denn bringt man diese Masse zwischen Löschpapier unter eine Presse, was besonders dann leichter gelingt, wenn man weniger Oel mit dem Federharz verbunden hat, so läßt sich das Oel größtentheils wieder auspressen, ohne daß das Federharz mit dem Oel gemeinschaftlich in das Papier eindränge. Es ist hierdurch sonach evident erwiesen, daß die ätherischen Oele wiederum keine Auflösungs- sondern nur Erweichungsmittel für das Federharz sind.

Wenn bei ätherischen Oelen geradezu also eben so wenig wie der Aether dem Begriff von Lösungsmitteln für das Federharz entsprechen, so können sie unter Umständen, und zwar in potenzirter Weise in solche übergehen. Sie bilden dann aber wiederum keine eigentlichen Lösungs- sondern wirkliche Auflösungsmittel. Wird eine solche, mit gewöhnlichen ätherischen Oelen zubereitete Masse auf Papier gestrichen, so scheint sie anfänglich trocken werden zu wollen, allein nach einigen Tagen wird sie plötzlich wieder schmierig, und zwar schmieriger und dünner als vorher, fängt an durchzuschlagen und bildet nun eine wirkliche Auflösung, allein unter gänzlicher Veränderung des Federharzes. Der so entstandene Firniß trocknet nämlich jetzt außerordentlich schwer, und er bleibt in dickeren Lagen selbst jahrelang schmierig. Trocknet er endlich aber aus, so bildet er einen glänzenden, jedoch spröden, völlig unelastischen, unbiegsamen Ueberzug, welcher das in ihm enthaltene Federharz als gänzlich umgewandelt erscheinen läßt.

Hat man obige Verbindung mit gewöhnlichem Terpentinöl, und zwar in dem Verhältniß von 1 Theile Federharz auf 12 Theile Oel, dargestellt, und läßt man, nachdem durch Schütteln, unter Beihülfe einiger hineingeworfener grober

Schrootkörner, die Masse gleichartig gemacht ist, dieselbe lose bedeckt einige Wochen stehen, so wird sie, obschon sie früher höchst dickflüssig war, von selbst wasserdünn. Es ist jetzt nämlich die vorhin bereits erwähnte wirkliche Auflösung eingetreten, und nun fällt aus derselben in reichlicher Menge eine weiße Materie nieder, die sich theils am Boden der Flasche sammelt, theils an den Wänden niederschlägt. Die Auflösung wird hierdurch klar, und läßt sich nun sehr leicht filtriren. Die weiße Materie auf dem Filtrum gesammelt, mit Terpentinöl und dann mit Alkohol ausgesüßt, ist anfänglich weich, trocknet jedoch hart, etwas grau werdend. Sie ist weder in Alkohol, Aether, ätherischen Oelen, noch im Wasser löslich, also weder Harz noch Gummi *). Nach Abscheidung derselben trocknet der klare flüssige Firniß nun viel leichter, doch ohne eine Spur von Elastizität zu besitzen. Aus den frisch bereiteten, sogenannten, Auflösungen in ätherischen Oelen, schlägt Alkohol das Federharz als eine weiße weiche Masse nieder, ohne daß dasselbe merklich verändert wäre. Die Masse wird trocken, doch wenn die Auswaschung mit Alkohol nicht hinreichend geschehen ist, wird sie nach einiger Zeit wieder klebrig und schmierig. In venetianischem Terpentin löst sich das Federharz, wenn es recht fein zerschnitten ist, in der Wärme ebenfalls auf, jedoch muß man die Gleichmachung durch Reiben in einer Reibeschaale unterstützen. Wird diese Masse mit viel und starkem Weingeist wiederholt ausgeknetet, so erhält man das Federharz im weichen Zustande unverändert wieder; indessen wird es, wofern noch etwas Harz darin bleibt, leicht von neuem klebrig, und

---

*) Da obige Versuche nur der technischen Benutzung des Federharzes gelten, so habe ich jene Substanz noch nicht näher chemisch untersucht, was einer gelegneren Zeit vorbehalten bleibt. Es ist übrigens wahrscheinlich, daß diese Materie koagulirtes Pflanzeneiweis ist.

verändert sich sogar noch nach Monaten. Das Weitere hierüber, so wie die der technischen Anwendung des Federharzes angehörigen Verhältnisse in Bezug auf die ätherischen Oele, muß ich bis zum folgenden Abschnitte verschieben, da es sich in diesem nur von dem allgemeinen Verhalten desselben zu den Reagenzien handelt.

Der Einfluß der fetten Oele auf das Federharz, ist dem der ätherischen ziemlich gleich. Sie machen es ebenfalls aufschwellen; doch gehört hierzu eine viel längere Zeit, und man kann hiernach gleichförmige Massen damit darstellen. Diese trocknen nun, je nach der Beschaffenheit des angewendeten Oels, entweder nie wieder aus, oder doch immer erst nach langer Zeit. Sie sind dann biegsam, braun von Farbe doch ganz unelastisch. Mit Leinöl und Mohnöl erfolgt eine solche Austrocknung, nicht aber mit Baum-, Mandel- und Rüböl.

Wird das Federharz gelinde erhitzt, so fängt es etwa bei 125° zu schmelzen an, und stößt nun eben nicht übelriechende Dämpfe aus. Es wird hierbei aber durchaus verändert, und bildet, nach kurzem Schmelzen, eine theerartige, nach längerem eine schwarze brüchige Masse. Stärker im offenen Gefäß erhitzt, entzündet es sich endlich von selbst, und brennt mit heller weißer Flamme, setzt dabei aber viel übelriechenden Ruß ab. Dasselbe findet statt, wenn man es ohne vorherige Erhitzung an einem Lichte anzündet, wobei es sich leicht entflammt. Für sich in einer Retorte erhitzt, also einer trockenen Destillation unterworfen, schmilzt es erst, wird dann schwarz, und liefert neben einem, Ammoniak enthaltenden Wasser, welches jedoch nur von dem weißen undurchsichtigen (Gummispeck) übergeht, Kohlensaures und Kohlenwasserstoffgas, ferner bei gelinderer Hitze, ein gelbes flüssiges nach Speck riechendes, bei größerer Hitze ein braunes dickes, stärker riechendes Oel. In der Retorte bleibt endlich eine schwammige schwierig einzuäschernde Kohle.

Säuren greifen das Federharz nur im sehr konzentrirten Zustande an, denn verdünnte wirken fast gar nicht darauf. Gewöhnliche Salpetersäure (Scheidewasser) färbt es gelb, ändert es, doch erst nach langer Zeit, und unter eigener Zusetzung, in Kleesäure und einen übrigbleibenden fettigen Körper um, während dessen, Stickgas, Kohlensauergas und Blausäuerdämpfe langsam entweichen. Schneller wirkt rauchende Salpetersäure darauf ein. Sechs Theile derselben lösen 1 Theil Federharz unter Aufbrausen und mit dunkelbrauner Farbe vollständig auf. Durch hinzugesetztes Wasser erhält man aus dieser Auflösung einen gelben flockigen Niederschlag, der in Weingeist, Säuren und Alkalien, nicht aber in ätherischen Oelen löslich ist, und, für sich erhitzt, bei 100° sich entzündet und mit Flamme brennt. — Dieser Niederschlag ist außer diesem nicht näher untersucht, doch ist er kein Federharz mehr. —

Schwefelsäure, selbst konzentrirte, wirkt nur sehr langsam, und verkohlt das Federharz nur bei einiger Erwärmung oberflächlich, indem selbst nach zweimonatlicher Digestion noch viel davon unzersetzt übrig ist. Wendet man indessen eine so starke Hitze an, daß das Federharz dem Schmelzen nahe kommt, so verwandelt die Schwefelsäure dasselbe, unter Entwickelung von schweflichsaurem Gas, in eine theerartige Masse, aus welcher durch Wasser ein hart werdendes brüchiges Harz abgeschieden werden kann.

Die, auf vegetabilische Substanzen sonst stark einwirkenden Gase, wie Chlorgas, Salzsauergas, schweflichtsaures Gas, Flußsauergas, Ammoniakgas greifen das Federharz gar nicht an, und man kann dieselben in Ballons davon sehr gut aufbewahren.

In den festen ätzenden Alkalien erleidet das Federharz eben so wenig eine Veränderung, und man kann es in der konzentrirtesten Kalilauge kochen, ohne daß es anders als in gewöhnlichem Wasser verändert würde.

Seinen Grundstoffen nach ist das reine Federharz, so wie es nach Seite 5 erhalten worden, zusammengesetzt aus

87,2 Theilen Kohlenstoff und 12,8 Theilen Wasserstoff; es enthält also keinen Sauerstoff.

Außer dem gewöhnlichen westindischen Federharz, giebt es noch ein chinesisches, von gelber, rother oder blauer Farbe. Dies ist indeß von ersterem sehr verschieden, indem es viel weniger elastisch, und daher bei starkem Drucke rissig, auch minder ausdehnbar ist. Es ist leichter als Wasser, brennt sehr hell, und schmilzt, langsam erhitzt, zu einer schwarzen brüchigen Masse. Beim Kochen mit Wasser erweicht es sich wenig. Erwärmter Weingeist nimmt etwas daraus auf, wonach das unaufgelöste weiß wird. Es löst sich in ätherischen Oelen auf, doch bedarf es von Terpentinöl 36 Theile, weniger Chamillenöl, und noch weniger Wein- und Rosmarinöl. — Von erwärmter Salpetersäure und Schwefelsäure wird es, von letzterer mit schwarzer Farbe aufgelöst, nicht aber vom Königswasser, worin es sich nur braun färbt. In wässrigem Ammoniak wird es spröder, ohne sich aufzulösen.

Das einheimische Federharz, welches man erhält, wenn man den freiwillig ausfließenden eingetrockneten Milchsaft der Euphorbien (Wolfsmilch), des Mohns, des Salats, der Eichorien und andern Pflanzen, mit Wasser und dann mit Weingeist zu wiederholtenmalen extrahirt, ist gelblich und durchscheinend, wird aber an der Luft braun. In der Kälte ist es hart und sogar spröde, in gewöhnlicher Temperatur aber elastisch, obwohl weniger als das gewöhnliche. In der Hitze wird es weich, ist dann sehr dehnbar und klebend, schmilzt, stärker erhitzt, unter denselben Erscheinungen wie das gewöhnliche. Es verbrennt mit Flamme wie dieses, löst sich in erhitzter Salpetersäure unter Veränderung auf, nicht aber in ätzenden Alkalien, von denen das wässrige Ammoniak es nur weicher macht. In Weingeist ist es unauflöslich, dagegen löst es sich in Aether und ätherischen Oelen auf, doch unter denselben Veränderungserscheinungen wie das indische.

Wahrscheinlich ist dies Federharz nur durch größere Antheile fremder Beimischungen, da der Saft der genannten

Pflanzen eine geringere Quantität desselben enthält, von dem gewöhnlichen unterschieden, würde also, könnte es rein dargestellt werden, mit jenem ganz übereinkommen.

Bis zu den vorgenannten Ergebnissen erstrecken sich also die bisherigen wissenschaftlichen Untersuchungen dieser Substanz. Wiewohl diese Untersuchungen nun noch vermehrt zu werden verdienen, so bezeichnen sie das Federharz doch hinlänglich als eine durchaus eigenthümliche Substanz, die, weder den Harzen noch den Gummiarten angehörend, ganz isolirt dasteht. Seine außerordentliche, weder durch das Alter noch durch mechanische Mittel zu unterdrückende Elastizität reihet es gewissermaßen den lebenden Organismen an, während seine große Indifferenz gegen die stärkeren chemischen Agenzien ihm einen Platz unter den festverbundenen mineralischen Substanzen anzuweisen scheint. Jedenfalls ist es aus der Klasse der Harze, und noch mehr aus der Klasse der Gummiarten zu streichen, denn obschon es einige Eigenschaften mit den ersteren gemein hat, so ist es doch wiederum ganz und gar von ihnen verschieden. Eben so und noch mehr unterscheidet es sich von den Gummiarten, mit denen es beinahe in keiner einzigen Eigenschaft zusammentrifft. Man könnte es das Horn des Pflanzenreichs nennen, denn ungeachtet das Federharz sich auch von diesem, und namentlich durch seine ungleich größere Elastizität auszeichnet, so hat es außerdem doch viel Aehnlichkeit damit, und ist, so wie dies ein Aggregat der thierischen Gallerte ist, vielleicht ein Aggregat des Pflanzeneiweis. Möglich ist es indeß, daß das Federharz keine isolirte Substanz ist, daß es vielmehr aus einer Verbindung zweier Materien besteht, in deren Mit- und Gegeneinanderwirkung seine eigentliche Wesenheit begründet ist. Nicht undeutlich weisen einige Versuche hierauf hin, die ich im nächsten Abschnitt erörtern werde.

Die Benennung Federharz (resina elastica), welche die Stelle der früheren — elastisches Gummi oder Gummi elasticum — eingenommen hat, ist sonach eben so wenig passend. Sie bezeichnet die Natur dieses Körpers nicht viel richtiger als die Benennung Gummi elasticum; es wäre daher besser man bediente sich, bis die Angelegenheit völlig auf's Reine gebracht, des indischen Wortes Kautschuk, welches nichts als ein Nahme für diese Substanz, wenigstens also keine, die Natur derselben unrichtig bezeichnende Benennung ist. Ich werde übrigens in dem Folgenden die Benennung Federharz beibehalten, da sie gewissermaßen sanktionirt, und diese Schrift keineswegs eine wissenschaftliche Abhandlung ist.

Technische Benutzung des Federharzes.

Die ausgezeichneten Eigenschaften dieser Substanz, die wir in dem vorhergehenden Abschnitte kennen gelernt haben, mußten natürlich das Augenmerk aller Techniker auf sich ziehn, da sie, bei einer möglichen Nutzanwendung, für die mannichfachsten Zwecke den größten Vortheil versprachen. Ungeachtet aber eine allgemeine Benutzung, seit dem ersten Erscheinen des Federharzes in Europa, zu den wünschenswerthesten Dingen gehörte, stand in früheren Zeiten das geringe Vorkommen desselben, mithin der hohe Preis, jeder Realisation im Wege, und die Anwendung des Federharzes beschränkte sich fast ausschließlich auf den Gebrauch, den Zeichner, als Vehikel zur Korrektur ihrer Arbeiten, davon machten. So wie indessen der Handel das Federharz in größeren Quantitäten, also zu niedrigeren Preisen lieferte, erwachte die Spekulation zur Nutzbarmachung desselben von allen Seiten, und seit fünf bis sechs Jahren unterlag es den mannichfachsten Versuchen für diesen Zweck. Nun aber trat ein nicht minder großes Hinderniß der technischen Benutzung in den Weg, und dies war die Ungefügigkeit, mit der das Federharz jeder Bearbeitung widerstrebte. Diese Ungefügigkeit war natürlich, und in Folge der bereits wissenschaftlich

ent-

entdeckten Eigenschaften vorauszusehn, und so kam es, daß dies Material, ungeachtet es sich fast im Ueberfluß darbot, eine geraume Zeit unbenutzt dalag, und auch jetzt noch, wenigstens im Allgemeinen, unbenutzt liegt.

Die Undurchdringlichkeit des Federharzes für Luft und Wasser, dabei seine außerordentliche Biegsamkeit und Elastizität, und endlich seine Unzerstörbarkeit durch ätzende Materien, mußten es als ein Material erscheinen lassen, welches zum Ueberziehen von Zeugen, Leder u. s. w., zum Darstellen der verschiedensten Geräthe u. s. w., nichts zu wünschen übrig ließ. Aber in seinem natürlichen Zustande war keine Anwendung von ihm zu erwarten, denn aus den unförmlichen dicken Flaschen, und den noch dickeren porösen Stücken war nichts zu machen; es kam daher darauf an, dasselbe aus dem festen koagulirten Zustande, in welchem es unter obigen Formen nach Europa kommt, wiederum in eine flüssige Gestalt zurück zu bringen, um so, von vorn herein, seine Umformung bewerkstelligen zu können. Ein bequemes Auflösungsmittel würde hier die Leiter zur Benutzung gebildet haben; leider aber kannte man nur eines, welches nach seiner Verdunstung das Federharz unverändert, also mit allen seinen früheren Eigenschaften zurückläßt — und dies Mittel war zu kostbar um in technische Anwendung kommen zu können. Es ist der Aether, welcher dies Auflösungsmittel, und doch nur bedingungsweise, bildet. Ist er nämlich nicht durchaus rein und von allem Weingeist befreit (S. 7.), so löst derselbe nur äußerst wenig auf; und dann ist der Preis, selbst des gewöhnlichen käuflichen Aethers immer noch ziemlich hoch — das Pfund kostet 16 Groschen — Auflösungen würden also schon mit solchem Aether theuer zu stehen kommen, viel theurer aber noch mit gereinigtem; denn während der Reinigung verflüchtigt sich eine solche Menge, daß der Preis gewiß auf das Doppelte steigen würde. Eben diese beispiellos schnelle Verflüchtigung findet nun ferner auch aus der Auflösung selbst statt, und veranlaßt, wenn selbst für gewisse Gegenstände ein hoher Preis der Anwendung des Federharzes nicht hinderlich wäre, während des Gebrauchs der Auflösung ein Zusammenballen des, in jedem Augenblick sich niederschlagenden, Federharzes, und dadurch ein außerordentlich schwieriges Handhaben eines solchen Firnisses. Diese Schwierigkeiten traten also von jeher der Anwendung einer ätherischen Auflösung in den Weg, und selbst wo die Aussichten auf ein abermaliges Hinuntergehen der Preise des Aethers vorhanden sind, war man genöthigt diese Methode zu verlassen.

Indem dies Medium also durchaus unzureichend war, wandte man sich an die ätherischen Oele, welche gleichfalls Auflösungs- oder eigentlich Erweichungsmittel des Federharzes bilden (S. 9.). Ließen sich mit diesen, von denen z. B. das Terpentinöl wohlfeil genug ist, um jede Benutzung zu erlauben, nun auch Firnißartige Massen bilden, die man sowohl über Formen als Zeuge streichen kann, so fand man bald, daß auch auf diesem Wege nicht zum Ziele zu kommen war. Alle mit gewöhnlichen ätherischen Oelen gebildete Auflösungen trockneten nämlich nicht wieder aus, sondern blieben erstlich, in Folge der großen Bindungsfähigkeit des Federharzes für ätherische Oele, lange weich, dann aber trat eine völlige Zersetzung ein, und der dem Trocknen sich nähernde Firniß wurde von neuem völlig schmierig und flüssig. Kein schnell wirkendes mechanisches Trocknungsmittel half hier. Weder Wasserdämpfe, welche sonst ätherische Oele leicht mit sich fortführen, noch heftige Zugluft, noch Erhitzung für sich, bewirkten ein Austrocknen. Durch tiefer eingreifende chemische Mittel war endlich zwar ein Trockenwerden des Firnisses zu erlangen, und nach meinen Versuchen bewirkten dies besonders leicht und vollkommen geringe Zusätze von venetianischem Terpentin, essigsaurem Kupferoxyd, schwefelsaurem Eisenoxydul und andere Metallsalze; allein der so erhaltene Ueberzug hatte alle Eigenschaften des Federharzes verloren, und war nicht allein unelastisch, sondern auch spröde und brüchig. Durch einen Zusatz von Leinölfirniß erhielt ich zwar, wiewohl zum Trocknen eine längere Zeit erforderlich war, einen weichen und biegsamen Ueberzug; allein auch diesem fehlte die eigentliche Elastizität des Federharzes.

Die übrigen ätherischen Oele, von denen ich viele in dieser Hinsicht untersuchte, verhalten sich im Ganzen mit dem Terpentinöl gleich; doch fand ich bei einigen eine größere Neigung zum Austrocknen, die gleichwohl aber den Firniß nicht verhinderte, späterhin in Zersetzung überzugehn. Das Oel des Sassafrasholzes macht einigermaßen eine Ausnahme, indem der mit ihm gebildete Firniß auf eine feste Fläche, wie Glas, Marmor, Metall und dergleichen, aufgestrichen, wirklich trocken wird. Merkwürdigerweise erfolgt dies Austrocknen nun aber eben so wenig wie beim Terpentinölfirniß, wenn derselbe auf einen Körper gebracht wird, der ihn einsaugt, wie Gewebe, Leder u. dergl. Auch auf Wasser, oder, da er auf reinem Wasser nicht schwimmt, auf einer konzentrirten Salzauflösung wird er nicht trocken. Wäre dies Oel aber auch brauchbar, so würde der hohe Preis desselben, das Pfund kostet mindestens 3 Thaler, doch jeder Anwendung hinderlich sein.

Ungeachtet die gewöhnlichen ätherischen Oele zur Darstellung von Federharzfirnissen also eigentlich vollkommen unzureichend waren, hat man dennoch, besonders in England, Anwendung davon gemacht, um Zeuge und Leder wasserdicht zu machen. Man wandte dabei natürlich austrocknende Mittel an, und setzte Leinöl hinzu um dem Firniß die Biegsamkeit zu erhalten; allein nach längerer Zeit erwiesen sich alle die so gedichteten Zeuge, welche aus zwei Theilen, einem Ober- und einem Unterzeuge bestanden, zwischen denen der Firniß angebracht war, als brüchig und spröde. Auch die mit Leinölfirniß und Federharz aus steifen Massen gemachten chirurgischen Instrumente, wie Warzendeckel, Catheter u. dergl., waren zwar biegsam doch ohne Elastizität. Besser eigneten sich dergleichen Auflösungen mit nichttrocknenden fetten Oelen (Baumöl, Thran) verbunden, zum Dichten des Leders, weil hier ein völliges Austrocknen minder erforderlich war; indessen ist auch dies sehr unvollkommen, da nicht mehr, als das Leder einzusaugen vermag, angewendet werden kann, und so dem Eindringen des Wassers immer noch nicht völlig begegnet ist; auch war die stets schmierige Beschaffenheit solcher Leder, für die meisten Zwecke hinderlich. Da alle diese Methoden, bei denen das Federharz nie in seiner reinen Gestalt in Anwendung kam, wenig genügten, so sah man sich bald nach anderen Auswegen um, und kam zunächst auf die Idee, das Federharz in seiner natürlichen Flüssigkeit in Anwendung zu bringen. Man ließ zu dem Ende den Pflanzensaft der Siphonia elastica, in dem dasselbe, zur Emulsion aufgeschlemmt, in feinvertheilter Gestalt (S. 2.) enthalten ist, kommen. Natürlich konnte dies nur in festverschlossenen metallenen Gefäßen, oder in Gefäßen von Federharz selbst geschehen. Dadurch aber wurde die Sache wiederum so vertheuert, daß, obwohl mit diesem Safte alle technischen Anforderungen zu erfüllen waren, auch diese Methode nothgedrungen verlassen werden mußte.

Nach diesem kam eine Verbindung des Federharzes mit venetianischem Terpentin in Vorschlag. Man erhielt sie, wenn das Federharz möglichst klein geschnitten, mit Terpentin zusammen geknetet und nach dem völligen Erweichen, während mehrerer Tage, durch Reiben in der Reibschale innig vereint wird. Die so erhaltene Masse ist steif aber elastisch und schmierbar. Hat man damit einen Ueberzug gebildet, so muß man das Zeug gleich darauf in starkem Weingeist wiederholt und sehr sorgsam auswaschen. Der Weingeist löst nämlich das Harz des Terpentins auf, und läßt das Federharz unverändert zurück. Ist das Auswaschen indeß nicht sorgfältig geschehen, bleibt also noch, wenn es auch nur eine Spur ist, Terpentin zurück, so wird das Federharz nach einiger Zeit schmierig und wird zersetzt. Da nun dies Auswaschen gerade der wesentlichste Punkt ist, oft aber dem Gegenstande nach nicht vollkommen geschehen kann, auch bei der anfänglichen Weichheit des dabei niedergeschlagenen Federharzes seine großen Schwierigkeiten hat, so ist auch diese Methode unanwendbar.

Einen besseren Ausweg, wenigstens für mancherlei Anwendungen, entdeckte endlich der Amerikaner Dr. Mitchell zu Philadelphia. An der Möglichkeit einer wirklichen Auflösung verzweifelnd, richtete er sein Augenmerk nur auf die Erweichung des Federharzes in Aether (S. 8.), namentlich der Federharzflaschen; und hierauf gründete er ein Verfahren zur Umgestaltung derselben, welches wenigstens eine erweiterte Nutzanwendung zuläßt. Läßt man nämlich Federharzflaschen in Schwefeläther, es kann gewöhnlicher seyn, doch darf er kein Weinöl und nicht zu viel Weingeist enthalten, während eines Zeitraums von 24 Stunden erweichen, so schwellen sie darin, ohne sich aufzulösen, außerordentlich auf, und werden so weich, daß man sie, bei einiger Behutsamkeit, über Formen ziehen kann, auf denen sie bis zur Austrocknung, die sehr schnell erfolgt, festgehalten, nachher nicht mehr in ihre erste Gestalt zurückkehren. So auch lassen sich die erweichten Flaschen sehr leicht zu außerordentlich dünnen Ballons ausdehnen.

Wiederholte Versuche, die ich in allen Richtungen anstellte, haben diese Methode vollkommen bewährt, und ich werde hier, da sie unter manchen Umständen mit Vortheil anzuwenden sind, spezieller darauf eingehn.

Will man also auf diese Weise eine Umformung bewerkstelligen, so muß man zunächst darauf sehen, daß die Flaschen in ihren Wänden ziemlich gleichförmig sind; dann müssen sie vollkommen erweicht seyn, wozu bei den größeren, dicken Flaschen, oft 48 Stunden erfordert werden; ferner muß das Modell worüber man formen will, wenigstens noch einmal so groß seyn, als der Gegenstand, der aus Federharz dargestellt werden soll, weil sich dies bei dem Abnehmen vom

Modell immer wieder, doch in der gegebenen Form, etwas zusammenzieht. Drittens muß man sich hierbei einer möglichst schnellen Manipulation befleißigen, damit der Aether nicht eher verflogen ist, als man die Operation beendigt hat, denn ein späteres Ausdehnen der Flaschen veranlaßt in diesen Richtungen nachher ein unverhältnißmäßiges Zusammenziehn, wodurch die beabsichtigte Form unregelmäßig wird; und endlich dürfen sich die zu bildenden Gegenstände nicht sehr von rundlichen und geschlossenen Formen entfernen.

Bei dem Aufblasen der Flaschen zu Ballons hat man gleichfalls darauf zu achten, daß die ersteren vollkommen erweicht sind. Ist dies der Fall, so steckt man in den Hals derselben, entweder einen kleinen Sperrhahn, oder in Ermangelung dessen, einen überfirnißten Pfeifenstiel, oder ein enges Glasrohr. Ist der Hals der Flasche bedeutend weiter, so muß man den Hahn, oder die ihn ersetzenden Röhren, mit dem einen Ende in einen durchbohrten Kork fest einkitten, etwa mit Siegellack, den Kork aber entweder mit Talg oder Baumwachs bestreichen, damit die Poren geschlossen werden und nachher keine Luft hindurchlassen können. Diese Befestigung der Blasröhre in einem Kork ist unter obigen Umständen deshalb nöthig, weil, wenn der Hals der Flasche weiter als das Blasrohr ist, man denselben, beim Festbinden darauf, in eine Falte legen müßte, die späterhin hinderlich wird. Das Festbinden selbst muß mit breitem Bande, nicht mit Schnur, indem dies das erweichte Federharz leicht durchschneidet, sehr sorgfältig und behutsam geschehen, damit weder Gelegenheit gegeben wird, daß die Luft durch die Bandage entweichen, noch das Band einschneiden kann. Jetzt bläst man, bei kleineren Flaschen mit dem Munde, bei größeren, und zwar solchen, die etwa ein halbes Pfund wiegen, mit einem dichten Handblasebalg, oder besser mit einer einfachen Kompressionspumpe, wozu man den Cylinder der Real'schen Pressen sehr gut gebrauchen kann, wenn man die untere Schraube in einen durchbohrten Stöpsel von Linden- oder

Elsenholz einschraubt, Luft ein. In der Regel dehnt sich nun die Flasche unten zuerst aus, weil hier meist alle am dünnsten sind, und dies ist gewissermaßen ein gutes Zeichen für das Gelingen der Operation, wenigstens kann man jetzt sicherer auf einen guten Erfolg rechnen, als wenn an einer Stelle, oberhalb der Flasche, die Ausdehnung beginnt, obwohl, wenn man vorsichtig, und die Flasche hinreichend erweicht ist, auch in diesem Fall meistentheils einen guten Ballon erhält. Die Ausdehnung nimmt nun immer mehr und mehr zu, doch stets der zuerst erweiterten Stelle folgend, und sich gleichsam von hier aus fortspinnend. Fängt endlich der ganze Ballon an durchsichtig zu werden, so muß man langsamer und vorsichtiger blasen; es klären sich dann auch die einzelnen noch trüben, also noch dickeren Stellen auf. Man setzt nun das Blasen, natürlich unter einzelnen zur Erholung nöthigen Absätzen, während welchen man entweder den Hahn schließt, oder die Oeffnung des Pfeifenstiels schnell mit etwas Baumwachs zudrückt, fort, bis man durch den Ballon hindurch die nächsten Gegenstände erkennen kann. Jetzt hört man auf und schließt auf die vorgenannte Weise das Blasrohr, hängt dann den Ballon an einem Faden auf, ohne ihn viel mit den warmen Händen zu berühren, weil dadurch leicht eine zu starke Ausdehnung des im Innern eingeschlossenen Aethers, und so ein Platzen des Ballons erfolgen kann. Soll die Ausdehnung nun noch weiter getrieben werden, so setzt man nach etwa 48 Stunden das Aufblasen, doch langsam, weiter fort. Hierbei muß man indessen immer darauf achten, daß der Ballon nicht all zu straff wird, da in diesem Fall, wenn auch, indem der Aether nun bereits völlig verdunstet ist, kein allgemeines Platzen, doch das Bersten einer schwachen Stelle, deren es immer einige giebt, eintreten kann. Ich muß hier überhaupt gleich die Bemerkung folgen lassen, daß nicht alle Flaschen bis zum Maximum der Ausdehnung zu bringen sind, und daß man denjenigen im Allgemeinen weniger bieten kann, die sich im Innern der Wände noch im hydratischen Zustande befinden, also noch weiß sind. Sonach wähle man folglich die völlig trocknen, dunklen Flaschen, oder bringe die anderen, durch ein mehrmaliges mäßiges Erwärmen, etwa in der Röhre eines Stubenofens, zuvor in diesen Zustand. Außerdem muß ich noch darauf hinweisen, daß man sich in der Unersättlichkeit beim Aufblasen mäßige; man verfällt leicht dahin, die Ausdehnung immer weiter treiben zu wollen, und bringt sich dadurch oft um die schönsten Exemplare. Ferner muß das Aufblasen doch immer, besonders anfänglich, mit einer gewissen Eil geschehen, damit der Aether nicht zu zeitig verfliege, und das Federharz hart, und daher weniger ausdehnbar zurücklasse. Endlich nehme man, aus demselben Grunde, die Operation in einem kalten Zimmer vor.

Die aufgeblasenen Ballons lasse man jetzt wenigstens vierzehn Tage in diesem Zustande. Früher von der Luft entleert, würden sie sich nicht nur noch weiter, als es ohnedies der Fall ist, zusammenziehn, sondern es würden auch die innern Wände, weil diese, durch die übergroße Ausdehnung, gewissermaßen frischen Schnitten gleich geworden sind, fest zusammen kleben, und ohne Zerreißen nicht wieder auseinder zu bringen seyn. Nach Ablauf der genannten Zeit ist dies indeß nicht mehr zu befürchten.

Das Zusammenziehn erfolgt also, wie ich bereits erwähnt habe, nach dem Herauslassen der Luft selbst noch nach längerer Zeit, und geht oft so weit, daß die Wände wieder so stark wie dünnes Papier werden. Dessenungeachtet lassen sich die Ballons, nachdem sie einmal weiter ausgedehnt gewesen sind, sehr leicht wiederum bis zur ersten Ausdehnung aufblasen, ohne daß man ein Reissen zu besorgen hätte.

Will man auf diese Weise Luftballons darstellen, so muß man die Ausdehnung sehr weit treiben, und kleinere Flaschen, die natürlich in ihren Wänden möglichst gleichförmig seyn müssen, bis zu einem Durchmesser von wenigstens $1\frac{1}{2}$ Fuß bringen. Da nun aber auch hier, nach dem Herauslassen der eingeblasenen Luft, wieder ein Zusammenziehn eintritt, so muß der Füllungsapparat dergestalt eingerichtet seyn, daß das Wasserstoffgas durch eine kräftige Entwickelung, zuletzt mit einiger Gewalt in den Ballon hineinströmt, damit er hierdurch bis auf die erste Ausdehnung zurückgebracht wird. Am leichtesten ist dies zu bewerkstelligen, wenn man in einem durchbohrten Kork ein dünnes, leichtes, hölzernes Röhrchen von etwa $1\frac{1}{2}$ Zoll Länge einkittet, und diesen Kork im Hals des Ballons fest bindet. Dann lasse man das Gasentbindungsrohr durch einen Kork, worin es ebenfalls festgekittet ist, gehen, der die Flasche, in welcher das Auswaschen des Gases geschieht, fest einschließt, und wähle nun ein solches, in demselben Kork eingekittetes Zuführungsrohr, so daß das Holzröhrchen des Ballons gerade hineinpaßt. Dies wird hier sorgfältig mit Baumwachs umklebt, damit kein Gas zur Seite entweichen, und man, nachdem der Ballon straff gefüllt ist, ihn leicht abziehn, und die enge Oeffnung seines Röhrchens schnell mit einem Kügelchen Baumwachs versperren kann. Diese Ballons halten übrigens das Gas außerordentlich lange, und man kann so einen gefüllten Aërostat mehrere Tage im Zimmer schwebend erhalten.

Zur Vervollständigung dieser ganz freundlichen Spielerei, dient endlich noch das Färben solcher Ballons. Besonders die rothe Farbe macht sie sehr zierlich, und um ihnen diese zu ertheilen, braucht man nur Alkannawurzel (Radix alkannae) durch den Aether, in welchem man die Flaschen einweicht, extrahiren zu lassen. Der schön rothe Aether dringt dabei in die Masse ein, läßt nach dem Aufblasen, während er verfliegt, den Farbestoff zurück, der dem dünnen Ballon nachher eine schöne rothe Farbe ertheilt. Gelb erhält man auf dieselbe Weise mit Saffran oder Kurkumawurzel.

Da der Aether selbst zu diesem Erweichen der Federharzflaschen, immer noch ein kostbares Material bleibt, und mir, noch ehe ich der Methode ganz Meister war, viele Ballons platzten, so versuchte ich die ätherischen Oele zu demselben Zwecke. Besonders Steinöl (Petroleum) und Rosmarinöl eigneten sich dafür, und ich konnte mich ihrer, anstatt des Aethers, mit ziemlich gleichem Erfolge bedienen. Das Federharz schwillt darin auf und erweicht sich, so daß man die Flaschen nun gleichfalls aufblasen kann. Die Vorsichtsmaßregeln für diese Methode übergehe ich indessen; einmal ist das Verfahren bereits in den Nro. 7. und 10. der Haude- und Spenerschen Zeitung v. J. 1832 abgedruckt, und dann hat es sich mir später als viel unsicherer bewährt als die Operation unter Anwendung des Aethers. Ich würde desselben daher gar nicht erwähnt haben, wenn es nicht zur Geschichte der Nutzbarmachung des Federharzes überhaupt gehörte, und endlich nicht den Wegweiser gebildet hätte, welcher meinen spätern Versuchen die Richtung angab, in der ich die Nutzbarmachung dieser Substanz in der erwünschtesten Weise fand.

Den vorbeschriebenen Ausdehnungsmethoden schließt sich endlich noch eine dritte an, welche zwar nur bedingungsweise dasteht, die indessen bei nicht schwierig zu bewerkstelligender Vervollkommnung, die am meisten praktische bilden wird. Es ist die Ausdehnung der Federharzflaschen ohne eindringendes Erweichungsmittel. Natürlich kommt diese Methode, da die Flaschen bei gewöhnlicher Temperatur zu ungefügig sind, auch auf eine Erweichung hinaus, jedoch ohne ein in die Substanz des Federharzes eindringendes Medium. Wir haben gesehn, daß das Federharz bei einer höheren als gewöhnlichen Lufttemperatur biegsamer und weicher wird; es kam also darauf an, diesen Zustand für die beabsichtigte Ausdehnung zu benutzen. Besonders erfolgt die Erweichung in kochendem Wasser, unter dessen Vermittelung die hohe Temperatur dem Federharz durchaus nicht nachtheilig ist. Wenn schon nun dasselbe hierin nicht so sehr erweicht wird wie im Aether oder in ätherischen Oelen, so wird es doch weich genug, um einer *vorsichtigen* Ausdehnung ohne Gefahr zu folgen, wenn nämlich die Flaschen nicht zu groß, oder überhaupt zu stark in ihren Wänden sind. In diesem Falle geschieht es leicht, da die Wände in der Regel eine sehr ungleiche Stärke haben, daß die Ausdehnung an den dünneren Stellen ihr Maximum erreicht, ohne daß die dickeren nachgeben, wodurch ein Zerplatzen erfolgt, ungeachtet das auf das Maximum ausgedehnte Federharz jetzt eine ziemlich bedeutende Festigkeit zeigt.

Das Verfahren bei dieser Art von Ausdehnung ist folgendes: Zuerst wählt man eben so vorsichtig wie zur Erweichung in Aether, möglichst gleichförmige Flaschen aus, dann bindet man in dem Hals derselben einen, an dem einen Ende etwas langen, Hahn luftdicht ein — man kann den Hahn auch in ein, etwa 2 bis 3 Zoll langes gläsernes, oder noch besser, blechernes Röhrchen mit einem Kitt befestigen, den weder die Hitze noch die Wasserdämpfe auflösen, und das Rohr in dem Hals der Flasche festbinden. — Jetzt bläst man mit dem Munde so viel Luft in die Flasche als man hineinzubringen vermag, schließt nun den Hahn schnell zu und taucht die Flasche bis an das Rohr in kochendes Wasser Hier läßt man sie, doch muß sie immer ganz untergetaucht seyn, eine Viertel- oder Halbestunde, je nachdem dieselbe dicker oder dünner ist, kochen. Das Federharz erweicht hierbei, und die, in der Flasche eingeschlossene Luft, dehnt sich durch die Wärme aus, preßt also auch die Flasche schon um etwas auf. Man nimmt nun dieselbe heraus, läßt die verdünnte Luft durch den geöffneten Hahn ausströmen und bläst schnell wiederum neue, natürlich kältere, also solche, die einer ferneren Ausdehnung fähig ist, hinein, schließt den Hahn schnell und läßt die Flasche abermals kochen. Es erfolgt jetzt eine schon etwas weitere Ausdehnung, und wenn man dieselbe Operation noch mehreremale wiederholt hat, so zeigt sich schon eine dünnere, klarwerdende Stelle. Nach erneuertem Herauslassen der verdünnten und Einblasen dichterer Luft, nimmt die Ausdehnung nun rasch zu, und man kann selbst die Flasche ohne Weiteres ferner aufblasen. Hierbei sey man jedoch sehr vorsichtig, und beginne dies erst dann, wenn man die Flasche nur mit größerer Gewalt untertauchen kann. Ist die ausgedehnte Stelle schon sehr dünn, das Uebrige aber noch undurchsichtig, so tauche man die Flasche ferner immer nur so tief in das kochende Wasser, daß dies, etwa einen halben Zoll, den dünnern Theil überreicht. In dieser Stellung kann man nun das Aufblasen langsam fortsetzen; das gegenstemmende Wasser hindert den dünnern Theil am Zerplatzen, während der dickere ungehindert mehr und mehr nachgiebt; nur muß man mit der heraufsteigenden Ausdehnung die Flasche immer so weit nieder drücken, daß der am meisten ausgedehnte Theil unter Wasser steht. Wird endlich die ganze Flasche klarer, so bläßt man, ohne sie ferner einzutauchen, weiter auf; nur halte man dieselbe mit den dickeren Stellen über die heißen Dämpfe, damit diese stets weich bleiben, und einer, den andern Theilen gleichen Ausdehnung fähig sind. —

Ist die aufzublasende Flasche etwas größer, oder will man seine Lungen schonen, so bindet man an den Hals derselben den, bereits Seite 22. erwähnten Cylinder einer Kompressions-Pumpe, und pumpt nun in derselben Art nach und nach Luft ein. Man entgeht hierdurch gleichzeitig der Gefahr sich den Mund zu verbrennen, was sonst sehr leicht geschieht, wenn der Hahn nicht lang genug ist, denn seine Abkühlung darf man nicht abwarten.

Durch diese Methode kann man nun gleichfalls außerordentlich dünne Ballons gewinnen, und da sie nicht allein bedeutend wohlfeiler als durch das Erweichen in Aether zu stehn kommen, sondern auch die Substanz des Federharzes am wenigsten leidet, so ist diese Methode den vorher beschriebenen in jedem Fall vorzuziehn. Denn wenn gleich dieselbe für jetzt nur auf die kleineren Flaschen in Anwendung gebracht werden kann, so unterliegt es keinem Zweifel, daß sie auch für die größeren passend gemacht werden wird, sobald durch eine ausgedehntere Anwendung Nachfrage nach dergleichen Ballons entsteht.

Inzwischen nun die Versuche von Mitchell und die meinigen gemacht wurden, kamen nicht allein aus England wasserdichte Zeuge herüber, sondern es wurden auch hier dergleichen angefertigt, die wenigstens für die nächste Zeit allen Anforderungen entsprachen, sichtbar aber mit einer Masse gemacht waren, welche nicht aus reinem Federharz bestand. Hierdurch wurde ich insbesondere angespornt, meine Versuche wieder aufzunehmen, und zur Erreichung dieses technischen Problems fortzusetzen.

Zunächst machte mich nun eine sonderbare Anomalie aufmerksam. Ließ ich nämlich das Federharz in ätherischem Oel aufschwellen, so trockneten die vollgesogenen und unzerdrückt herausgenommenen Stückchen, sehr bald wieder aus, und sie kehrten in ihr erstes kleineres Volumen und in ihre feste Beschaffenheit wieder zurück, ohne späterhin klebrig zu werden. Wurden dagegen die erweichten Stückchen zerdrückt, und zu einer Masse gemacht, so trat anfänglich zwar ein scheinbares Trocknen ein, aber bald zeigte sich die bereits öfter erwähnte Zersetzung. Mir schien dies dadurch erklärlich, was für diesen Fall auch wohl ferner gelten wird, daß in dem Federharz eine gewisse Struktur anzunehmen sey, die, geht man auf den Ursprung desselben zurück, nicht eben hypothetisch ist. Die Federharzkügelchen nämlich, welche sich aus dem Milchsaft auf einander lagern, und so zur Masse werden, scheinen noch von andern Bestandtheilen des Saftes, namentlich von Pflanzeneiweis umschlossen zu bleiben, wodurch denn dem ätherischen Oele stets Wege zur Verdunstung offen stehn. Beim Zerdrücken der Stückchen, wobei die struktive Beschaffenheit zerstört wird, werden diese Wege natürlich versperrt, und es kann nur ein oberflächliches Austrocknen des in der Masse enthaltenen Oeles eintreten, welchem bald, da dies Austrocknen, bei der Bindungsfähigkeit des Federharzes, nicht schnell genug vor sich gehen kann, die Zersetzung folgt.

Diese struktive Beschaffenheit geht auch noch ziemlich deutlich aus der Art und Weise des Aufschwellens in ätherischen Oelen, auch zum Theil in Aether hervor. Auf der

Oberfläche nämlich, besonders der äußeren, wo die Federharzpartikelchen nicht durch die Form zerdrückt, und so ihrer Hülle beraubt worden sind, entstehn bei diesem Erweichen ganz eigenthümliche Runzeln, welche sehr darauf hindeuten, daß eine fremde, nicht aufquellende Substanz in dem Federharz vertheilt ist, und, gleich straffen Schnüren, gewisse Theile vom gleichmäßigen Aufschwellen zurückhält. Dies geht ferner noch daraus hervor, daß in den Schnitten, wo die Partikelchen also geöffnet sind, keine Runzeln entstehn, und daß die Schnitte viel schwerer austrocknen als die äußere Oberfläche.

Da ich nun ferner fand, daß das mit ätherischem Oel imprägnirte Federharz, selbst zerdrückt, wenigstens eine Neigung zum Austrocknen hatte, und die später eintretende Zersetzung immer von der Oberfläche der Masse ausging, und dann schneller eintrat, wenn dieselbe dem hellern Lichte ausgesetzt war; und da ich fand, daß, wenn die Masse zwischen Druckpapier stark ausgepreßt wurde, die Zersetzung später begann, so schloß ich, daß nicht sowohl im Federharz selbst der Heerd dieser Veränderung zu suchen sey, sondern daß die ätherischen Oele, welche unter Mitwirkung des Lichtes so schnell vom Sauerstoff der Luft affizirt und zersetzt werden, die Ursache der nachherigen Umwandlung des Federharzes seyen.

Wiederholte Versuche mit verschiedenen ätherischen Oelen bestätigten dies vollkommen, denn bei denen, welche am meisten durch Luft und Licht verdickt werden, trat auch die Zersetzung der mit ihnen gemachten Auflösung des Federharzes am schnellsten ein. So erfolgte dies am ersten beim Terpentinöl, weniger schnell beim Oel aus den Pomeranzen- und Zitronenschaalen, noch langsamer beim Steinöl, und am spätesten beim Rosmarinöl. Gerade in dieser Aufeinanderfolge findet aber auch, mit Ausnahme des Steinöls, die Veränderung dieser Oele statt.

Da nun die Zersetzung ferner um so schneller begann, je mehr Oel mit dem Federharz verbunden war, so ging hieraus ziemlich deutlich hervor, daß die bereits früher im

Oel durch Licht und Luft gebildete Substanz, von der, bei Anwendung einer größeren Menge Oels, also eine größere Quantität mit dem Federharz in Berührung kam, das hauptsächlichste Agens der nachherigen Zersetzung ausmache.

Die Veränderung der ätherischen Oele durch Luft und Licht besteht aber darin, daß sie Sauerstoff einsaugen, dadurch Kohlensäure entwickeln, und nun in ein wirkliches Harz übergehn, welches in dem noch übrigen Oel aufgelöst bleibt, und dies, bei fortwaltender Zersetzung nach und nach, theils unter Verdunkelung der Farbe, immer dickflüssiger macht. Endlich gehn die ätherischen Oele hierdurch gänzlich in eigenthümliche harte und spröde Harze über.

Es war nun keinem Zweifel mehr unterworfen, daß diese Harze, welche in allen käuflichen ätherischen Oelen mehr oder minder vorkommen, nicht aber die Oele selbst, zersetzend auf das Federharz einwirken, und das, früher oder später eintretende, Schmierigwerden die Auflösungen verursachte. Demnach blieb nur noch die experimentelle Probe übrig, die denn auch obige Voraussetzung völlig bestätigte.

Somit braucht man denn nur reine ätherische Oele zum Auflösen oder Erweichen des Federharzes anzuwenden, um dies nachher unverändert in alle mögliche Formen bringen, und jede Nutzanwendung davon machen zu können.

So leicht nun aber auch nach Auffindung der Ursache des Zersetzens der ätherisch-öligen Federharzauflösung das Mittel ausgesprochen ist, wodurch dieser verderblichen Zersetzung begegnet werden könne, so schwer ist die Anwendung dieses Mittels, wenn von gewerblicher Realisation die Rede seyn soll. Es kommt hier nämlich darauf an, eine Materie von einer andern zu befreien, welche durch einen ruhigen nicht aufzuhaltenden Prozeß aus der ersteren nicht allein gebildet ist, sondern fortwährend daraus gebildet wird. Hierdurch entstehen Uebergangsprodukte, welche zum Theil noch die Eigenschaften desjenigen Körpers haben aus dem sie werden, zum Theil schon Eigenschaften des Körpers besitzen, zu dem sie werden. Wenn nun gerade auf dem Grund einer dieser Eigenschaften, welche noch unter beide Materien, die entbildet- und gebildet-werdende, getheilt ist, die Trennung beider bewerkstelligt werden soll, so sieht es sehr schlimm aus, namentlich wenn das Verfahren ein leicht ausführbares und wenig kostspieliges seyn muß.

Gehn wir speciell auf den vorliegenden Fall ein, so handelt es sich darum, die ätherischen Oele von den in ihnen, durch Luft und Licht, gebildeten Harzen zu befreien. Dies scheint im ersten Augenblick wieder sehr leicht, denn die ätherischen Oele sind flüchtige Körper, die Harze aber nicht. Es wird folglich eine Destillation hinreichen, um beide von einander zu trennen. Dies ist so weit richtig, als es sich von den, in den Oelen bereits fertig gebildeten Harzen handelt, nicht aber wenn von den Aggregaten die Rede ist, welche gerade auf dem Wendepunkt ihrer Umbildung stehn, und welche, wenn sie unbeachtet bleiben, eben so nachtheilig auf das Federharz wirken, als die Harze selbst. Diese Aggregate haben zum Theil schon die Eigenschaften der Harze, zum Theil aber gehören ihnen noch die Eigenschaften der Oele an, und namentlich fehlt ihnen die Flüchtigkeit der letzteren noch nicht ganz, obschon sie minder flüchtig sind. Diese Harzaggregate sind sehr deutlich bei der Destillation der ätherischen Oele zu erkennen, besonders beim Steinöl. Hat man dies nämlich bis gegen die Hälfte abdestillirt, so fängt an ein schwereres Oel überzugehn, dessen Tropfen, sobald sie das schon vorhandene Destillat erreicht haben, in langen Fäden darin niedersinken, und, anstatt sich ohne Weiteres mit der ersten Flüssigkeit zu mischen, sich unter dieselbe lagern. Diese schwerere Flüssigkeit, für sich aufgefangen, gleicht vollkommen einem ätherischen Oel, und es ist in der That, außer dem größeren spezifischen Gewicht, kein Unterschied aufzufinden. Wie sehr nun aber auch beide Oele einander gleichen mögen, so deuten doch die auffallenden Verschiedenheiten ihrer spezifischen

Ge-

Gewichte auf eine Verschiedenheit ihrer Beschaffenheit hin, und das schwerere Oel muß als ein, in Zersetzung begriffenes, folglich als ein Aggregat zu dem späterhin daraus entstehenden Harz, betrachtet werden.

Hieraus geht denn hervor, daß durch Destillation die ätherischen Oele zwar gänzlich von dem, in ihnen fertig gebildeten, Harz, nicht aber von dem, eben gebildet werdenden, zu befreien sind. Denn wenn es auch möglich ist, durch wiederholte Destillationen, und, bei der geringeren Flüchtigkeit der Aggregate, durch Auffangen des zuerst übergehenden Destillats, die Oele ziemlich rein zu erhalten, so ist eine solche Operation viel zu kostbar, als daß sie im Großen Anwendung finden könnte. Es kam daher darauf an, diese Harz-Aggregate, nachdem die Oele durch eine einmalige Destillation von den fertigen Harzen befreit waren, im Oel selbst unschädlich zu machen. Der Lösung dieses Problems standen indeß große Schwierigkeiten im Wege, indem es diesen Harzaggregaten, als erst in Bildung begriffenen Materien, noch an einem entschiedenen chemischen Werth fehlte, und ihnen also keine bestimmte chemische Potenz entgegengesetzt werden konnte. Hierzu kam noch die Bedingung, daß bei Zusatz einer dritten, das Harzaggregat neutralisirenden Substanz, die Menge dieser nur sehr gering seyn durfte, damit das Federharz dadurch weder in seiner Elastizität behindert, noch früher oder später durch dieses dritte Medium selbst verändert werden möchte. Nach einer langen Reihe von Versuchen, bei welchen weder desoxydirende noch oxydirende Substanzen, weder Alkalien, noch mechanische, die schnelle Austrocknung bewirkende, noch einhüllende Mittel, die gewünschte Wirkung zeigten, gelang es mir endlich im Schwefel diejenige Materie zu finden, welche, selbst in sehr kleiner Quantität angewendet, die nachtheilige Einwirkung der Harzaggregate vollkommen beseitigte.

Die Art und Weise dieser Einwirkung der Harze und ihrer Aggregate, habe ich bis jetzt noch nicht wissenschaftlich ermitteln können; ich muß mich daher begnügen die ganz interessante Erscheinung des Einwirkens darzulegen, und auf den wahrscheinlichen Hergang dieser seltsamen Aufeinanderwirkung hinzuweisen.

Bereits Seite 10 habe ich angeführt, daß eine Federharzauflösung mit gewöhnlichem undestillirtem ätherischen Oel bereitet, entweder gar nicht trocknet, oder doch kurz nach Beginn der Austrocknung sehr schnell wieder klebrig wird. Dies ist nun nicht der Fall mit destillirtem Oel. Hier erfolgt die Austrocknung ziemlich schnell und vollkommen, und man gewinnt scheinbar ein völlig regenerirtes Federharz. Allein in diesem Federharz liegt bereits der Funken zu seiner nachherigen Zersetzung, und dieser bedarf nur der Anfachung, um schnell um sich zu greifen und das, noch so unverändert scheinende, Federharz zu zerstören.

Bevor ich dies verderbenbringende Agens kennen lernte, schien mir es unbegreiflich, wie man so lange dem Problem der Federharzauflösung vergeblich habe nachjagen können, da die ätherischen Oele, nach der so einfachen Operation des Rectificirens, vollkommen geeignet schienen, das Medium zur Auflösung zu bilden. Allein mit dem Auftreten dieses unabwehrbaren äußeren Einflusses, welcher das aus der Auflösung wieder hergestellte Federharz zur Zersetzung bringt, traten mir sogleich alle die großen Schwierigkeiten vor Augen, mit denen die Abwendung, oder Unschädlichmachung jener Einwirkung zu kämpfen haben würde. — Das Tageslicht ist es nämlich, was durchaus zerstörend auf das regenerirte Federharz einwirkt, gegen dessen Hinzukommen aber die, mit Federharz überzogenen, oder daraus dargestellten Gegenstände auf keine Weise zu schützen sind.

Dieser Einfluß des Tageslichtes giebt sich auf das sichtbarste zu erkennen. Denn setzt man eine aus einer Federharzauflösung dargestellten Platte, oder ein damit überzogenes Zeug, dem hellen Tageslichte aus, so beginnt nach kurzer Zeit die Zersetzung. An den dünnsten Stellen wird das

Federharz zuerst angegriffen; es nimmt die Eindrücke der Finger an, und die Linien der Haut bleiben dauernd darauf sichtbar; dehnt man dasselbe aus, so reißt es bald; es ist wie man zu sagen pflegt, kurz. Dieser Zustand der Veränderung nimmt immer mehr zu, und erstreckt sich bald durch die ganze Masse, die nun in das zweite Stadium übergeht. Dies ist ein völliges Klebrigwerden, welches mehr und mehr überhand nimmt, und die Masse in einen Zustand des Zerfließens bringt, wodurch dieselbe in die Beschaffenheit eines zähen Weichharzes übergeht. Das dritte und letzte Stadium ist endlich ein allmäliges, anfänglich oberflächliches, abermaliges Trockenwerden, welches durch Bildung einer harten Haut entsteht, die in ihrer Dicke immer mehr zunimmt, bis sie die ganze Dicke der Platte erlangt hat, — und jetzt ist die Zersetzung beendigt. Das Federharz ist nun eben so spröde und brüchig, als es früher biegsam und elastisch war. Läßt man auf eine Federharzauflösung, nachdem sie trocken geworden war, die Sonnenstrahlen geradezu wirken, so wird jener Prozeß der Zersetzung außerordentlich beschleunigt, und wenn früher Wochen und Monate dazu erforderlich waren, so reichen jetzt wenige Tage dazu hin, die Masse bis zum Zerfließen zu zersetzen.

Selbst eine Auflösung von Federharz in Aether geht nach längerer Zeit diese Zersetzung ein, wenn der Aether nicht frei von Weinöl war. (Weinöl ist ein ätherisches Oel, welches neben dem Aether durch die Aufeinanderwirkung von Schwefelsäure und Alkohol gebildet wird.) Ich habe dies sogar an den, in solchem Aether eingeweichten und nachher aufgeblasenen Federharzflaschen bemerkt, und dies tritt besonders dann ein, wenn die Flaschen zu sehr dünnen Ballons ausgedehnt worden waren. Nach einigen Monaten fangen dieselben nämlich an, an den dünnsten Stellen sich von selbst noch weiter auszudehnen, bis hier endlich ein kleines Loch entsteht und der Ballon zusammenfällt. Untersucht man diese Stelle, so findet man das Federharz hier weich, sehr dehnbar, aber nicht mehr elastisch, und etwas klebrig.

Gleichzeitig verschwindet die Farbe, wenn das Federharz durch Alkanna roth gefärbt worden war. Dieselbe Einwirkung auf Pflanzenfarben zeigt auch das in Terpentinöl aufgelöste Federharz, sobald seine Zersetzung beginnt.

So auffallend diese Wirkung des Lichtes ist, so ist sie, auch ohne daß man der dabei stattfindenden Erwärmung einen helfenden Antheil zuzuschreiben braucht, doch leicht erklärlich: Unter spezieller Mitwirkung des Lichtes nämlich saugen die ätherischen Oele aus der Atmosphäre Sauerstoff an, um sich in Harze umzubilden (a. a. O.) Alle, längere Zeit aufbewahrten, Oele enthalten nun bereits diese Harze, außerdem aber die vorerwähnten Aggregate dazu, und diese letzteren, die bei der Destillation der Oele mit übergehn, sind es, welche als nur halbfertige Uebergangsgebilde die Absorbtion des Sauerstoffs, selbst in der Federharzauflösung, begierig fortsetzen, um ihre Umgestaltung zu wirklichen Harzen sobald als möglich zu bewerkstelligen. Da ferner nun durch Einfluß des Lichtes das Anziehungsinteresse der Harzaggregate zum Sauerstoff sehr erhöhet, die Sauerstoffaufnahme also befördert wird, so ist die zersetzende Wirkung des Lichtes, welches freilich nur als Vehikel, aber als unerläßliches Vehikel dient, leicht erklärlich. Es kann sonach nicht mehr befremden, wenn man eine derartige, mit ungebundenen Harzaggregaten vermischte Federharzauflösung im Dunklen monathe-, ja vielleicht jahrelang, unverändert aufbewahren kann, während sie dem Lichte, und gleichzeitig der Luft ausgesetzt, nur von kurzer Dauer ist.

Die Natur und Wesenheit dieser zersetzenden Einwirkung der Harze dürfte vor der Hand noch unerforscht bleiben; indessen scheint aus dem Erfolg derselben ziemlich deutlich hervorzugehen, daß das Federharz keinesweges als eine isolirte, sondern als eine, aus der Verbindung zweier Substanzen, hervorgegangene dritte zu betrachten ist. Denn erstlich deutet das Erscheinen jener weißen Materie, welche aus einer, mit undestillirtem Terpentinöl gemachten dünnen Auflösung, niederfällt (S. 11) auffallend darauf hin, indem erst nach Abscheidung dieser Materie die Zersetzung vollkommen beendigt ist. Und dann giebt schon das, beim starken Ausdehnen eines natürlichen Stückchen Federharzes entstehende Unklarwerden desselben einen sichtbaren Fingerzeig für das Vorhandenseyn einer zweiten Substanz; denn dies Unklarwerden kann man bei einer zur Trockne gebrachten Auflösung ganz in derselben Art verstärken, wenn man unter die Auflösung irgend einen weißen pulvrigen Körper, oder auch einen nassen Teig bringt, und damit innig vermengt. Hier erfolgt das Unklarwerden beim Ausziehn nun viel stärker und geht bis zum Undurchsichtigwerden.

Gehn wir ferner darauf zurück, daß eine, bereits völlig trocken gewordene Federharzauflösung, durch die Wirkung einer geringen Menge darin vorhandenen, oder aus dem Aggregat gebildeten Harzes, unter Ausfällung einer weißen Substanz, die weder Harz, noch Gummi, noch Leim ist, (S. 11) zu einem völlig schmierigen Weichharz umgeschaffen wird, so glaube ich annehmen zu dürfen, daß das Federharz aus der Verbindung eines wirklichen und natürlichen Weichharzes und aus Pflanzeneiweis besteht.

Da für diese Ansicht der analytische Beweis nicht leicht zu führen seyn möchte, so wäre es vielleicht eher möglich, die synthetische Probe zu machen. Es käme somit darauf an, mit dem, z. B. aus Weizenmehl ausgewaschenen, Pflanzeneiweis ein natürliches Weichharz zu verbinden, welches in diesem nach dem Austrocknen, die Stelle des Hydrats ersetzte, und demselben so seine Elastizität dauernd erhielte. — Wiewohl zur Sache gehörig, lagen diese Versuche zu sehr außerhalb der Tendenz der vorliegenden Arbeit; ich muß mir dieselben daher, so wie die Bekanntmachung der Resultate für eine gelegenere Zeit versparen. —

Die Art wie nun der Schwefel auf die Harzaggregate und zum Theil auf die Harze selbst, wirkt, und den zersetzenden Einfluß derselben verhindert, muß ich gleichfalls noch dahingestellt sein lassen. Denn wenn der Schwefel sichtbar auch Wasserstoff entzieht, so ist seine Wirkungsweise dadurch noch nicht erklärt, und man sollte eben deshalb eher auf eine Begünstigung der Federharzzersetzung schließen, indem durch Entziehung von Wasserstoff, mittelbar die vorhandene Sauerstoffmenge vergrößert, folglich die Harzbildung befördert wird. Dies ist nun, wie der Beweis zu Tage liegt, nicht der Fall; der Schwefel wirkt daher wahrscheinlich durch Wasserstoffentziehung zwar sauerstoffvermehrend, doch aber so verhältnißändernd, daß weder jene schädlichen Harze bestehn, noch entstehn können.

Die in dem Vorstehenden erläuterte Zersetzung des aufgelösten Federharzes giebt für den, der die Sache bloß technisch betrachtet, wenigstens die Weisung, daß man mit den Auflösungsmitteln sehr vorsichtig zu Werke gehn, und sich nicht täuschen lassen muß, wenn der Erfolg ohne Weiteres für den Augenblick glücklich ausfällt. Erst nachdem man alle solche Prüfungen, welchen dies Material im Gebrauch ausgesetzt seyn kann, darauf angewendet hat, kann man mit dieser eigenthümlichen Substanz sicher seyn. Natürlich muß man hierbei nicht unerfüllbare Dinge verlangen, und man würde das Federharz eben so vergebens auf Unverbrennlichkeit prüfen, wie eine bekannte Berliner Kommission von vorgelegten wasserdichten Hüten verlangte, daß sie auch gegen kochendes Wasser schützen müßten. Denn wenn auch anzunehmen ist, daß, so wenig es kochendes Wasser regnen, man wird Schmelztiegel aus Gummielastikum machen wollen, so dürfte man doch unbilligerweise Eigenschaften von demselben fordern, die vielleicht nur Metalle u. dgl. zu erfüllen im Stande wären.

Nach Erläuterung der vorstehenden Verhältnisse wende ich mich nun zur ersten praktischen Operation, welche der wirklichen Auflösung des Federharzes nothwendig vorangehen muß.

Rektifikation der ätherischen Oele.

Bei dieser Operation kommt es also darauf an, das in den Oelen vorhandene Harz abzuscheiden. Dies ist im Ganzen sehr leicht. Die ätherischen Oele sind flüchtige Körper, die Harze aber nicht, es reicht also eine Destillation vollkommen hin, um Beide von einander zu trennen. Da nun aber die Oele, in Folge des in ihnen gelösten Harzes, eine sehr hohe Temperatur annehmen, bevor sie zum Kochen, das ist zur allgemeinen Verdampfung, kommen, so lassen sie sich für sich schwer destilliren. Eben die hierzu nöthige starke Hitze verursacht eine Zersetzung derselben, in deren Folge nur wenig reines Oel übergeht, und das meiste, unter starker Verdunkelung der Farbe, und höher steigendem Siedepunkt, immer dicker wird, und endlich, während die Masse an zu schäumen fängt, sich nach und nach verkohlt. Um diesem zu begegnen, muß man die Oele mit Wasser destilliren, denn obwohl sie für sich viel schwerer kochen als Wasser, so führen die Wasserdämpfe doch eine große Menge reinen ätherischen Oeles, gleichfalls in Dampfgestalt, mit sich hinüber, und bieten so eine Gelegenheit dar, die Oele auf leichte Weise zu rektifiziren.

Will man nun eine solche Destillation in's Werk richten, so nehme man gerade eben so viel Wasser als man Oel zu destilliren gedenkt, ja nicht bedeutend mehr von ersterem, weil dann das Kochen nur stoßweis und heftig erfolgt, wodurch nicht allein ein Ueberkochen, sondern auch ein fortwährendes Ueberspritzen stattfindet. Bei gleichen Theilen Oel und Wasser kocht dagegen die Masse an sich schon sehr ruhig, jedoch noch stiller, wenn man einige Holzspähnchen darunter wirft, indem dadurch die Entbindung der sich bildenden Dämpfe bedeutend erleichtert wird. Die Destillation selbst verrichtet man in einer gewöhnlichen Destillirblase, die man bis $\frac{2}{3}$ mit der Mischung anfüllt, alles gut verkittet und bei mäßigem Feuer arbeitet. Zur Verdichtung der übergehenden Dämpfe dient hierbei ein gewöhnlicher Kühlapparat, bei dem man nur darauf zu achten hat, daß das Wasser in ihm stets kalt erhalten wird, damit das Destillat immer kalt abfließe. Kleinere Quantitäten Oel kann man in einer gläsernen Retorte mit Vorlage destilliren; doch fülle man die Retorte nur halb voll und kitte die Vorlage nicht zu fest an. Die Retorte selbst legt man, am besten, in ein Sandbad, d. h. in ein flaches metallenes Gefäß, in welchem sich etwas trockner Sand befindet; und dies stellt man über ein Lampenfeuer. Zur Abkühlung bewickelt man den Hals der Retorte mit einem leinenen Läppchen oder mit einem Blatt Löschpapier, welches man dann naß macht, und, sobald es zu dampfen anfängt, immer wieder mit etwas kaltem Wasser begießt, damit keine Dämpfe in die Vorlage kommen. Das hierbei abträufelnde Wasser fängt man in einem untergesetzten Teller oder dergleichen auf.

So wie die Mischung ins Kochen kommt, gehn nun Wasser- und Oeldämpfe gemeinschaftlich über, kühlen sich zur Flüssigkeit ab, und gelangen so in die Vorlage. Hier findet nun gleich eine Trennung beider Flüssigkeiten statt, das Wasser bedeckt den Boden und das Oel, sofern dies ein leichtes, was bei den meisten der Fall ist, schwimmt oben auf.

Da die Oele aber mehr oder weniger Harz enthalten können, so muß man die Dauer der Destillation hiernach einrichten, denn obgleich es scheinen mag, indem die Harze an sich nicht flüchtig sind, als könne man das Destilliren so lange fortsetzen, als noch Oel übergeht, so ist dies doch nicht richtig, weil zuletzt, wenn selbst auch noch bedeutend viel Oel in der Blase vorhanden ist, dies sich jetzt von dem Harz, dessen Quantität mittelbar vermehrt worden, schwer trennt, und das, unter Mithülfe der Wasserdämpfe, sogar theilweis mit übergeht. Hiernach darf man, meinen Versuchen zufolge, je nachdem man dies oder jenes Oel destillirt, nur $\frac{2}{3}$ oder $\frac{3}{4}$ übertreiben. Um dies genau zu bewerkstelligen, verfährt man am besten, wenn man das zu destillirende Oel genau wägt oder mißt, und eben so das damit vermischte Wasser. Mißt man nun von Zeit zu Zeit das was übergegangen ist, und vergleicht dies mit der zu destillirenden Quantität überhaupt, so kann man hiernach mit Sicherheit die Destillation entweder noch fortsetzen oder beendigen. Zum Messen des mit dem Wasser gemengten Destillats ist ein hoher enger Glascylinder sehr dienlich, wenn man denselben, dem Maaß oder Gewicht nach, in Lothe oder Quarttheile eintheilt. Dies geschieht folgendermaßen. Man stellt den Cylinder auf einen geraden Tisch, wägt nun ein Loth Wasser genau ab, und gießt dies hinein. Da, bis wo dasselbe hinaufreicht, macht man außerhalb einen Querstrich. Jetzt gießt man ein zweites Loth hinzu, macht wieder einen Strich, und fährt so fort bis der Cylinder voll ist. Richtet man seine Operationen dem Maaße nach ein, was in den meisten Fällen geschieht, so gießt man in den Cylinder ein 32stel Quart Wasser, macht bei diesem einen Strich, und fährt so fort bis der Cylinder voll ist. Mit einem derartigen Meßgefäß erleichtert man sich die Quantitätsbestimmung des Destillats sehr, denn wenn man dies mit Wasser und allem hineingießt, zur Trennung von Wasser und Oel ein Weilchen stehen läßt, so sieht man gleich wie viel Loth oder Zweiunddreißigstel Quart Wasser und wie viel Oel übergegangen ist. Ohne dies Instrument muß man dagegen immer erst Oel und Wasser trennen, was wenigstens umständlich ist, und dann das erstere wägen oder messen.

Bei der Destillation selbst gehen anfänglich immer $\frac{2}{3}$ Oel und nur $\frac{1}{3}$ Wasser über; späterhin folgen gleiche Theile, und dann geht mehr Wasser als Oel über, wobei nun schon etwas Harz, wenigstens dessen Aggregat, mit fortgeführt wird. Man kann sich also auch hiernach richten, wenn man nicht weiß, wie weit die Destillation fortzusetzen ist.

Welches von den im Handel vorkommenden ätherischen Oelen nun vorzugsweise zu benutzen sey, darüber ist man bald im Reinen: nämlich das wohlfeilste. Dies ist gegenwärtig nun das Terpentinöl, von dem auch die schlechtere Sorte, das Kienöl, das übrigens schwer, und nur durch den feineren Geruch erkannt werden kann, zu unserem Zweck zu gebrauchen ist. Von dem letzteren darf man nur $\frac{2}{3}$, von dem ersteren kann man jedoch $\frac{3}{4}$ abdestilliren. Beide enthalten sehr viel Harz, und um so mehr, je älter sie sind. Man sey also bei der Destillation sehr vorsichtig, und lasse sich nicht durch die Menge des noch übrigen, ganz flüssigen Rückstandes verleiten, die Destillation über die vorgenannten Grenzen fortzusetzen, denn man läuft, selbst bei einer geringen Menge mit übergegangenen Harzes, Gefahr, nachher die ganze Arbeit zu verderben.

Zur Abscheidung des Oeles vom Wasser, gießt man die gesammte Flüssigkeit in ein enges, hohes Gefäß, wo sich nun das leichtere Oel oben sammelt, und ziemlich rein abgegossen werden kann. Selbst den letzten Rest kann man vom Wasser trennen, wenn man das Gemisch in einen sogenannten Scheidetrichter, das ist ein Glastrichter mit einem langen, sehr engen Schnabel, der unten durch einen Sperrhahn verschlossen werden kann, gießt, und nun das Wasser langsam ablaufen läßt, was bei der Enge des Schnabels bis auf den letzten Tropfen geschehen kann.

Das so rektifizirte Terpentinöl ist sehr dünnflüssig und ganz farbenlos. Ein Tropfen davon auf feinem Brief-Velinpapier muß, mäßig erwärmt, bald wieder verdunsten, und das Papier völlig fleckenlos zurücklassen, widrigenfalls dasselbe durch übergegangenes Harz verunreinigt und deshalb unbrauchbar ist. Will man dies Oel aufbewahren, was indeß nur für kurze Zeit rathsam ist, so muß man gläserne Flaschen ganz damit anfüllen, damit nicht die, sonst darüber befindliche Luft von neuem zersetzend wirke, was vielleicht bei keinem Oel so schnell geschieht als beim Terpentinöl. Die Flaschen muß man außerdem, entweder mit schwarzem Papier bekleben, oder an einem gänzlich dunklen Ort aufbewahren, denn auch das Licht ist, wäre selbst die Luft absolut ausgeschlossen, nicht ohne Einfluß darauf. Daher ist es besser, das Oel immer frisch zu destilliren, und nicht länger als etwa vier bis sechs Wochen aufzuheben. So ist es auch besser, das Oel wo möglich selbst zu destilliren, und nicht als rektifizirt zu kaufen, denn die Gewinnsucht kann leicht die Leute, welche sich etwa mit der Rektifikation ausschließlich befassen möchten, veranlassen, mehr überzutreiben, als ohne Gefahr für die Verderbniß der nachherigen Auflösungen, übergetrieben werden darf.

Der Rückstand nach der Destillation ist ein dünnes gelbliches Oel, welches zu gewöhnlichen Anstricharbeiten u. dgl. noch sehr gut und ohne allen Nachtheil zu gebrauchen ist. Es kann daher wiederum eine gesuchte Handelswaare bilden, und dies um so mehr, da man es jetzt zu niedrigeren Preisen auf den Markt bringen kann.

Man kann das gewöhnliche Terpentinöl auch durch wiederholtes und heftiges Schütteln mit Weingeist von 75% Tralles reinigen. Das Oel ist nämlich in solchem Weingeist wenig auflöslich, um so auflöslicher aber das in ihm enthaltene Harz. Dies wird also aufgenommen, während das gereinigte Oel sich nach einiger Zeit oben sammelt, und abgegossen werden kann. Es ist zu dieser Reinigungsmethode indeß viel Weingeist erforderlich, und man bedarf, wenn man das Schütteln nicht einigemal mit erneuerten Portionen vornehmen will, wenigstens 6 Theile Weingeist auf 1 Theil Terpentinöl.

Die Destillation der übrigen ätherischen Oele geschieht in derselben Weise, doch kann man von Stein- und Rosmarinöl $\frac{3}{4}$, vom Lavendel oder Spiköl jedoch nur wenig über $\frac{2}{3}$ abziehn. Das Steinöl läßt dabei einen noch sehr dünnflüssigen, dunkelbraunen Rückstand von schwachem Geruch, wogegen das Destillat beinah farblos und sehr leicht ist.

Auch das Oel des S t e i n k o h l e n t h e e r s ist zur Auflösung des Federharzes anwendbar, und da es ziemlich wohlfeil und vielleicht noch billiger dargestellt werden kann, als das Terpentinöl, so will ich die Art und Weise der Gewinnung, die zwar immer mit bedeutenden Unbequemlichkeiten verbunden ist, hier in der Kürze beschreiben. — Der Steinkohlentheer ist ein Produkt der Verkohlung des harzigen Bestandtheils der Steinkohlen; er wird bei der Bereitung des Leuchtgases in großer Menge gewonnen und sehr wohlfeil verkauft. Seiner Beschaffenheit nach ist er eine schwarze heftig riechende dickflüssige Masse, welche aus einem bedeutenden Antheil halbverkohlten Harzes und einer geringern Menge eines eigenthümlichen, dem Steinöl sehr nah verwandten, ätherischen Oeles besteht. Er ist schwerer als Wasser, und trocknet zu einem schwarzen Firniß aus.

Um das Oel nun vom Harz zu trennen, ist die Destillation zwar wieder das einzige, im Großen anzuwendende Mittel. Destilirt man den Theer aber mit Wasser, so erfolgt das Kochen mit dem heftigsten Wallen und Spritzen, weil sich der schwere Theer am Boden der Blase sammelt, hier eine höhere Temperatur annimmt, und dadurch ein stoßweises heftiges Wallen herbeiführt. Wird er für sich ohne Wasser destillirt, so nimmt derselbe gleichfalls eine sehr hohe Temperatur an, bei der nun nicht allein der größte Theil des Oeles zersetzt, sondern auch das Kühlrohr öfter durch einen dritten, im Theer enthaltenen kampherartigen Bestandtheil, der sogenannten Naphtaline, verstopft, und endlich die Destillirblase, wenigstens in den Löthungen, leicht geschmolzen wird.

Diese Uebelstände veranlaßten mich eine Destillation vermittelst Wasserdämpfe zu versuchen. Allein auch dies hat seine Schwierigkeiten, denn leitet man das Dampfrohr etwas weniges zu tief in den Theer hinein, so muß man, wegen der Dickflüssigkeit desselben, stets ein Zersprengen der Geräthe befürchten. Da mir sonach eine Destillation geradezu mit Wasser immer noch am geeignetsten schien, so ging ich darauf zurück, machte nun aber, um dem Niedersinken des Theers vorzubeugen, das Wasser spezifisch schwerer als diesen, indem ich in dem Wasser so lange Kochsalz auflöste, bis ein Tropfen Theer in demselben nicht mehr zu Boden fiel, sondern schwamm. Unter dieser Modifikation ging die Destillation nun auch ganz ruhig von statten, bis zuletzt, wo in Folge der größeren Konzentration der Lauge, ein schwaches Schäumen eintrat. Dies kommt indeß erst dann zum Vorschein, wenn der überhaupt abdestillirbare Antheil Oel, der freilich höchstens $\frac{1}{16}$ des Ganzen beträgt, gewonnen, die Destillation überhaupt also beendigt ist. Anstatt des Kochsalzes kann man auch Steinsalz, Bittersalz, kurz irgend ein wohlfeiles, in größerer Menge in Wasser lösliches Salz nehmen. Pottasche ist weniger brauchbar, weil sie einen Theil des Harzes auflöst, und damit eine sehr schäumende Flüssigkeit bildet, die auf's Leichteste übersteigt. Bei der Destillation selbst nehme man übrigens gleich viel Theer und Salzauflösung, fülle die Blase nur halb voll, und gebe nicht mehr Feuer als zum schwachen Kochen nöthig ist.

Man erhält so ein gelbes, dünnflüssiges, ziemlich flüchtiges und heftig riechendes Oel. Es wird auf dieselbe Weise wie das Terpentinöl vom Wasser gesondert, und, verschlossen gegen Luft und Licht, aufbewahrt. Aber selbst unter diesen Schutzmitteln wird das Oel in sehr kurzer Zeit dunkelbraun, ohne jedoch beträchtlich viel Harz gebildet zu haben, und zur Auflösung von Federharz unbrauchbar geworden zu seyn.

Ist somit die Rektifikation der Oele geschehen, so sind sie nun zwar von den sie begleitenden Harzen, nicht aber von deren Aggregaten befreit. Diese unschädlich zu machen, muß jetzt eine dauernde Verbindung der Oele mit Schwefel bewerkstelligt werden. Die ätherischen Oele wirken bei gewöhnlicher Lufttemperatur nur wenig auf den Schwefel ein; bei höherer Wärme lösen sie ihn indeß langsam auf, und bilden mit ihm stark gelbgefärbte Auflösungen, aus denen, beim Erkalten, der größte Theil des Schwefels in kleinen spießigen Krystallen wiederum niederfällt. Werden die Oele längere Zeit mit Schwefel gekocht, so lösen sie bis zur Hälfte ihres eigenen Gewichtes davon auf, ohne daß nachher eine größere

Menge Schwefel herauskrystallisirte. Allein sie sind jetzt zum Theil zersetzt, der Schwefel eignet sich einen Theil ihres Wasserstoffs an, und bildet Schwefelwasserstoff, der diesen Auflösungen, welche in der Medizin unter dem Namen Schwefelbalsame bekannt sind, einen sehr ekelhaften Geruch giebt.

Für unsern Zweck, wo nur eine sehr geringe Menge Schwefel nöthig ist, um die nachtheilige Wirkung der Harzaggregate zu hemmen, ist daher eine so konzentrirte Auflösung nicht erforderlich. Denn wenn gleich auch hier eine tiefere Einwirkung des Schwefels nothwendig ist, so darf sich diese Einwirkung nicht sowohl auf die Oele selbst, sondern nur auf die Harzaggregate erstrecken. Auf der andern Seite muß indeß die Verbindung doch so bewerkstelligt werden, daß dieselbe dauernd ist, und der aufgelöste Schwefel die Oele nicht wiederum gänzlich verläßt.

Dies zu bewerkstelligen, nehme man denn zu 100 Theilen rektifizirten Terpentinöl, 3 Theile Schwefelblume oder feingestoßenen Stangenschwefel, bringe beides in einen porzellanenen Topf oder in eine gläserne Retorte — metallene Gefäße sind weniger anwendbar, weil sie der Schwefel schnell schwärzt, und bei wiederholtem Gebrauch verdirbt — und erhitze nun, unter stetem Umrühren, die Mischung langsam bis zu 90 Grad *) nach dem Reaumürschen Thermometer. In dieser Wärme erhält man darauf die Flüssigkeit, ohne das Umrühren auszusetzen, bis aller Schwefel aufgelöst ist. Jetzt lasse man das Feuer wiederum stärker darauf wirken, so daß die Auflösung in gelindes Kochen kommt, und erhalte sie in diesem Kochen etwa 5 Minuten lang. Wird gleich anfänglich die Erhitzung zu weit getrieben, so schmelzen die Schwefeltheilchen und vereinigen sich zu einem Kuchen, der sich nun nur sehr langsam auflöst

*) Hat man kein so weit reichendes Thermometer zur Hand, so darf man nur die Erhitzung langsam steigen lassen, und das Umrühren nicht aussetzen, um die Auflösung zu bewirken.

und die Operation außerordentlich verzögert. Es ist daher rathsam, den Schmelzpunkt des Schwefels so lange zu vermeiden, bis das Schwefelpulver gänzlich verschwunden ist, und nun erst das Kochen eintreten zu lassen.

Die Einwirkung des Schwefels auf die Harzaggregate fängt mit dem Beginn des Kochens an, und sie giebt sich, besonders wenn das Kochen lange Zeit fortgesetzt wird, durch ein, in Pausen erfolgendes, Knistern und stärkeres Aufwallen zu erkennen. Der Schwefel zerlegt nämlich die Harzaggregate, indem er ihnen einen Theil Wasserstoff entzieht, dadurch aber den in ihnen enthaltenen Sauerstoff für eine andere Verbindung disponibel macht. Diese andere Verbindung erfolgt darauf alsbald, und besteht in der Bildung von Wasser, aus dem freigewordenen Sauerstoff und einem zweiten Theil des, für die Schwefelverbindung nicht zugänglichen Wasserstoffs. Der in den Aggregaten vorhanden gewesene Kohlenstoff nimmt endlich die letzte Portion Wasserstoff auf, und geht wahrscheinlich in ein regenerirtes Oel zurück. — Das erzeugte Wasser wird bald sichtbar, der obere Theil des Kochgefäßes, besonders bei etwas langhalsigen Kolben, beschlägt mit Wasserdämpfen, diese vereinigen sich zu Tropfen, und gleiten durch das Oel hindurch auf den Boden des Gefäßes, wo sie nun von neuem verdampfen und dadurch das Knistern und Aufwallen bewirken.

Hat das Kochen 5 Minuten fortgedauert, so lasse man die Auflösung erkalten; sie hat jetzt eine feurig gelbe Farbe, und riecht schwach schweflig, doch weniger wie Schwefelwasserstoff, mehr wie schweflige Säure, von der gleichfalls etwas gebildet seyn kann. Nach Verlauf von 12 Stunden schlägt sich aus der Auflösung noch eine Quantität Schwefel in Krystallen nieder, was man abwarten muß, bevor man das geschwefelte Oel zur Auflösung des Federharzes verwendet, weil die Krystallisation sonst in der Masse selbst erfolgt, und Veranlassung giebt, daß der mit der Federharzauflösung gemachte Ueberzug, durch die spitzigen Schwefelkrystalle undicht wird. Somit sind nun die ätherischen Oele vollkommen vorbereitet, um mit dem Federharz dauerhafte Auflösungen zu bilden, die nach dem Austrocknen dasselbe mit allen seinen früheren Eigenschaften zurücklassen. Es ist eben dadurch auch ein Mittel gegeben, die Zersetzung der, in weinölhaltigem Aether erweichten und aufgeblasenen Federharzflaschen vorzubeugen; doch muß man den Aether nicht mit dem Schwefel kochen, weil dabei ein zu großer Verlust stattfindet; es ist vielmehr nur nöthig den Aether kalt mit Schwefel in Berührung zu lassen, wo er eine hinreichende Menge davon auflöst.

Das Auflösen des Federharzes.

Von den, im Handel vorkommenden Sorten wähle man hierzu das sogenannte Gummispeck. Dies ist nicht allein unverhältnißmäßig wohlfeiler als das Federharz in Flaschen, sondern es arbeitet sich auch leichter damit; auch ist es weniger gefärbt als jenes. Da sich ferner dies Gummispeck noch im wasserhaltigen Zustand befindet, so ist es hart, und läßt sich daher auch leichter mit einem scharfen Messer schneiden, ein Umstand, der eine besondere Berücksichtigung verdient, indem zur schnellern und erleichterten Auflösung, das Federharz möglichst zerkleinert seyn muß. Dies Zerkleinern ist eine beschwerliche Arbeit, und es muß durchaus mit scharfen Instrumenten verrichtet werden, weil jeder gewaltsame Angriff, durch die Zähigkeit und Elastizität des Federharzes, zurückgewiesen wird. Daher bleibt das Schneiden mit messer- oder scheerenartigen Instrumenten der einzige Ausweg, und selbst hiermit erreicht man nur dann seinen Zweck, wenn diese Instrumente möglichst scharf sind.

So trenne man nun das Gummispeck zuerst mit einem spitzen dünnen Messer in kleinere Blöcke, und dann schneide man diese in dünne Scheiben, und diese wieder in kurze Streifen, welches letztere sich am leichtesten mit einer Scheere thun läßt. Einen Vortheil gewährt es ferner, wenn man diese Streifen so viel als möglich von gleicher Größe, wenigstens von gleicher Dicke zu erhalten sucht, weil sonst von den dünnern Stückchen bereits alles Oel aufgesogen ist, bevor die dickeren davon bis in's Innerste durchdrungen sind. Will man gleichzeitig Federharz in Flaschen, oder die Abgänge von den Gummischuhen zur Auflösung benutzen, so schneide man diese, nachdem man sie in kochendem Wasser erweicht hat, mit einer Scheere klein, bringe dies Federharz aber ja nicht unter das Gummispeck, wenn man nicht, wie wir weiter unten sehen werden, bei der nachfolgenden Bearbeitung den größten Unbequemlichkeiten ausgesetzt seyn will: man löse dies vielmehr für sich auf, und wende es entweder ganz für sich an, oder bringe es erst später mit der Auflösung aus Gummispeck zusammen.

So ist das Federharz nun zur Auflösung geschickt gemacht; es frägt sich jetzt nur, wie viel man von dem präparirten Terpentinöl hierzu anwenden muß. Dies zu bestimmen, hängt von dem Gebrauch, den man von der Auflösung machen will, ab; denn wenn es einerseits auch im Vortheil liegt, so wenig als möglich von dem Auflösungsmittel anzuwenden, so darf man andererseits eine bestimmte Grenze ohne Nachtheil für die mechanische Bearbeitung nicht überschreiten.

Will man demnach die Auflösung zum Luft- oder Wasserdichtmachen von Zeugen, oder überhaupt zur Bildung eines nicht allzudünnen Ueberzuges gebrauchen, so rechne man auf einen Theil Federharz drei Theile Oel. Will man dagegen einen Firniß darstellen, der sich mit einem Pinsel streichen läßt, so muß man zehn Theile Oel auf einen Theil Federharz nehmen. Soll endlich eine Auflösung gemacht werden, aus der man gleichmäßig dicke Platten bilden will, so reichen zwei Theile Oel auf einen Theil Federharz hin.

Je nachdem nun die eine oder die andere Benutzung bezweckt wird, bringe man das zerschnittene Federharz in ein mehr hohes als weites Gefäß, damit das aufgegossene Oel so viel als möglich darüber steht. Es ist nämlich erforderlich, daß, ohne die Quantität des Oeles direct zu vermehren, durch die Gestalt des Gefäßes ein möglichst großer Vorrath desselben gebildet wird, weil sonst die zu oberst liegenden Stückchen durch das Einsaugen bald außer Berührung mit dem Oel kommen, und sich nun nicht in demselben Maaße wie die tiefer liegenden damit anfüllen können, was ein unumgängliches Erforderniß ist, wenn die nachherige Bearbeitung nicht große Schwierigkeiten finden soll. Besonders bei Anwendung wenigen Oeles muß man hierauf achten, und zu dem Ende auch in diesem Fall das Federharz sehr klein schneiden.

Ist das Oel darüber gegossen — es ist nicht nöthig dasselbe zu erwärmen, denn wiewohl es etwas leichter eingesogen wird, so ist zur gänzlichen Erweichung doch ziemlich dieselbe Zeit erforderlich — dann deckt man das Gefäß fest zu, oder verbindet es noch besser mit nasser Blase, nicht aber mit etwa bereits vorräthigen dünnen Gummiplatten, denn diese ziehn die Oeldünste an, und entziehn sie der Auflösung daher eben so, wie die Verdunstung bei ganz offenem Gefäß. Das Federharz saugt nun das Oel ein und schwillt bedeutend auf, bleibt aber, wie viel Oel man auch angewendet haben mag, immer stückig. In diesem Zustande ist es nun noch keineswegs zu verwenden; es muß vielmehr erst zu einer gleichartigen Masse gemacht werden, was nicht ohne mechanische Anstrengung zu bewerkstelligen ist.

Damit diese Operation, die beschwerlichste bei dem ganzen Verfahren, nun aber so viel als möglich erleichtert werde, so lasse man das mit Oel übergossene Federharz, ohne darin zu rühren, mehrere Tage lang ruhig stehn und erweichen. Dann befestige man, zur Gleichmachung der Masse, auf einem sicher stehenden, etwas hohen Tisch, ein Brettchen von ungefähr 4 Zoll im Gevierten und 1 Zoll Dicke, und schneide sich ein fußlanges, $\frac{3}{4}$ Zoll starkes Stück Holz handrecht zu, so daß es an dem einen Ende eine Art Griff bekommt, am andern aber glatte Flächen bildet.

Hat man diese kleine Vorrichtung zu Stande gebracht, so nehme man von dem erweichten Federharz eine wallnußgroße Menge heraus, lege es auf das Brettchen, und rühre dasselbe mit dem vorbeschriebenen Holze, welches man mit beiden Händen horizontal faßt, im Kreise auf dem Brette herum. Die Federharzstückchen werden hierbei zerdrückt, und, nach Fortsetzung dieser Arbeit, zu einer gleichartigen Masse aufgelöst, die anfänglich durch das Rühren, indem dabei Luft eingeschlossen wird, schaumig erscheint. So zerarbeitet man eine Portion nach der andern, bis der Vorrath erschöpft ist, und bringt die Masse wiederum in ein Gefäß, in welchem man sie abermals einige Tage ruhig stehen läßt.

Während dieser Zeit verschwindet der schaumige Zustand, und die Auflösung, welche für einen Theil Federharz zwei Theile Oel enthält, erscheint als ein weißer, weicher, elastischer Teig, der zwar den Händen anhaftet, sich aber, bei etwanigem Kneten, immer wieder loslöst. Er gleicht überhaupt dem unaufgelösten Federharz durchaus, und hat, mit Ausnahme einer viel größeren Weichheit, dessen ganze Beschaffenheit. Seine Gleichmachung verursacht übrigens die meiste Mühe, und es gehören selbst körperliche Kräfte hierzu, weil er sich wie Garnstrehnen förmlich festdrehen läßt, und dann immer einiger Zeit bedarf, ehe er wieder eine gleiche Weichheit gewinnt. Bei drei Theilen Oel ist die Masse salbenartig, anhaftend und schmierbar. Bei zehn Theilen Oel ist sie zwar noch nicht flüssig, doch so weich, daß man sie mit einem Borstpinsel streichen kann.

Hat man nicht Gummispeck, sondern Flaschenharz zu den Auflösungen genommen, so werden diese bei dem Reiben auf dem Zurichtebrettchen durch die eingeschlossenen Luftblasen weiß, verlieren diese Farbe aber sehr bald, und bilden klare, braune Massen von der Consistenz der vorigen.

Ist Gummispeck und Flaschenharz zusammen eingeweicht, so macht es sehr viel Mühe, die Massen gleichartig zu bekommen, besonders wenn unter dem ersteren wenig von dem andern war. Das Gummispeck zieht nämlich mehr Oel ein als das andere, wird also weicher, und einmal dadurch, zweitens durch seinen hydratischen Zustand, minder geneigt sich mit dem andern zu verbinden, dessen Stückchen sich immer wieder herausreiben. Man vermeide daher diese Vermengung, erweiche jede der Federharz-Sorten für sich, und bearbeite sie auch für sich, wonach man nun die fertigen Massen vermischen kann. Beide sind in ihrem übrigen Verhalten ganz gleich, und man kann, wenn sie einmal gleichartig gemacht sind, dieselben ohne Nachtheil zusammen bringen.

Die Schwierigkeit der Gleichmachung dieser Massen überhaupt, macht übrigens eine wirksame Vorrichtung für diesen Zweck wünschenswerth; denn wenn gleich man in der vorbeschriebenen Weise zum Ziele kommt, so ist dies doch eine zeitraubende, beschwerliche Operation. Wer also zu technischen Anwendungen größere Mengen dieser Federharzauflösungen zu bereiten hat, wird aus der Konstruktion eines derartigen Apparates gewiß den größten Nutzen ziehn. Es lag zu weit aus meinem Bereich, als Theoretiker, selbst hierauf einzugehn; indessen will ich mit einem Vorschlage nicht zurück bleiben, welcher verwirklicht wahrscheinlich zum Zwecke führt: Die Gleichmachung auf dem weiter oben beschriebenen Brettchen ist der Wirkung eines, um seine Achse laufenden, Mühlsteins nicht ungleich; es dürfte daher eine kleine Mühle mit einem hölzernen Läufer leicht den erwünschten Erfolg gewähren. Auch eine Vorrichtung, gleich den Thonschneidemaschinen der Töpfer, möchte passend seyn. Diese Apparate bestehen in einem hölzernen, mehr hohen als weiten Kübel, in dessen Mitte, auf einem im Boden befindlichen Dorn eine Welle steht, die in ihrer ganzen Länge über kreuz mit Messern besetzt ist. Die Messer stehn so, daß wenn man ringsum von einem zum andern einen Faden zieht, das Ganze einer Schraube gleicht. Wird die Welle nun gedreht, so durchschneiden die Messer die im Kübel befindliche Masse, mischen sie vollkommen, und drücken dieselbe in Folge ihrer schraubenartigen Stellung, nach dem Boden des Kübels zu, wo die Masse dann zu einer, an der Seite angebrachten Oeffnung, herausgedrängt wird. — Dieser Apparat im kleineren Maaßstab, scheint zur Gleichmachung der erweichten Gummimassen ganz geeignet: sie haben ungefähr dieselbe Kosistenz wie die zu mischenden Thonmassen, und da das Mischen dieser vollkommen bewerkstelligt wird, so darf man wohl auf einen gleichen Erfolg für die Gummimassen schließen.

Sollen die Gummimassen gefärbt werden, so kann dies entweder in der Art geschehn, daß man solche Farbestoffe, deren Pigmente in ätherischen Oelen auflöslich sind, vorher mit dem geschwefelten Terpentinöl extrahirt, wie z. B. Alkanna, Orlean, Safran, und dann das Federharz darin auflöst; oder aber daß man die Farbestoffe nachher den fertigen Gummiteigen zusetzt.

Bei diesem letzteren Verfahren, hat man übrigens eine größere Auswahl, denn der Pigmente, die in ätherischen Oelen auflöslich sind, giebt es nicht viele, wogegen man, auf der anderen Seite, fast jede andere Farbe mit dem Gummiteig mischen kann, ohne daß dieser sie geradezu aufzulösen braucht. Freilich erhält man hierbei weniger durchsichtige Farben; indessen dürfte dies einmal nicht häufig verlangt werden, und zweitens geben mehrere Malerfarben doch auch klare Färbungen, wie z. B. Krapplack, Wienerlack, Goldoker, Berlinerblau u. a.

Wenn man nun ohne Nachtheil für die Gummimasse jede Pflanzenfarbe, mit Ausnahme der in ätherischen Oelen auflöslichen Harze, damit mischen kann, so muß man in der Wahl von Metallfarben vorsichtig seyn. Von diesen darf man erstlich nicht solche nehmen, die im Wasser auflöslich sind, wie z. B. Grünspahn, weil diese auch die Gummimasse angreifen; dann auch nicht solche, welche sich, wenn auch nicht bedeutend, in ätherischen Oelen auflösen, wie Menige; und endlich nicht solche, auf die der Schwefel schwärzend wirkt. Anzuwenden sind also: **Zinnober, Chromgelb, Schmalte,** überhaupt alle Arten von **Kobaltblau, Chromgrün, Nickel, Mineralgelb** u. dergl.

Das Mischen selbst geschieht folgendermaßen: man reibt entweder die Farbe mit etwas von dem geschwefelten Terpentinöl fein ab, und bringt sie gleich beim Kleinmachen der Masse darunter, oder aber man reibt sie mit **Wasser** ab, und knetet sie nachher unter den fertigen Teig. Ist der Teig aus Flaschenharz gemacht, so wird er im letzteren Fall trübe und milchig; dies verliert sich indeß, sobald er nach dem Verarbeiten trocken geworden ist. Man hat nicht nöthig zu befürchten, daß der Teig, ungeachtet derselbe Terpentinöl enthält, welches geradezu mit dem Wasser nicht zu mischen ist, die nasse Farbe abweisen wird; er verbindet sich vielmehr sehr leicht damit, wenn sie nur nicht zu dünn, sondern konsistent ist.

Sogar reines Wasser ist mit dem Teig durch Kneten zu verbinden; das Federharz äußert, selbst in ätherischem Oel aufgelöst, sein Bestreben Wasser aufzunehmen; und ein klarer Gummiteig kann damit milchig geknetet werden. Natürlich verschwindet beim Austrocknen das Wasser eben so, wie aus dem an sich wasserhaltigen Gummispeck.

Eben so gut wie nasse Farben mit dem Gummiteig zu vereinigen sind, läßt sich jede feuchte pulverige Substanz und zwar in jedem Verhältniß damit verbinden, z. B. nasser Thon, Mehlteig u. dergl. Von einer dicken Auflösung von arabischem Gummi kann man so viel darunter reiben, daß, wenn man nachher viel Wasser darauf gießt, wodurch der arabische Gummi ausgezogen wird, das aufgelöste Federharz in den feinsten Partikelchen, gleich einem Milchrahm, auf der Flüssigkeit schwimmt, und so, bis auf seine, durch das ätherische Oel bewirkte Weichheit, gewissermaßen demjenigen gleich kommt, welches im natürlichen Pflanzensaft vertheilt ist. S. 4.

Die Fähigkeit, sich mit jeder fremden pulvrigen Substanz gleichmäßig mischen zu lassen, öffnet diesen Gummiauflösungen vielleicht eine noch erweiterte Nutzanwendung, die um so wahrscheinlicher wird, da durch eine derartige Verbindung selbst eine große Menge irgend einer im Wasser auflöslichen Substanz gegen die Auflösung geschützt ist.

Mit Wachs lassen sich z. B. die Gummiteige, wenn sie warm gemacht werden, so daß das Wachs schmilzt, sehr leicht mischen, und man erhält, je nach der Menge des Wachses, eigenthümliche Verbindungen. Bei $\frac{1}{5}$ Wachs ist das Federharz in seinen Eigenschaften noch ganz unbehindert, und man erhält einen Teig oder einen Firniß, dessen Auflösungsmittel nicht einmal des Schwefels bedarf, um dem Licht und der Luft unverändert zu widerstehen, wenn man das erstere nicht sogleich auf die noch frische Masse wirken läßt. Das hierzu anzuwendende Wachs muß natürlich aber frei von Terpentin und Talg seyn.

Das Verarbeiten der Federharzauflösungen.

Wiewohl das Mechanische der Anwendung dieser Gummiteige zum Luft- und Wasserdichtmachen verschiedener Gegenstände, sich größtentheils von selbst ergiebt, so sind doch einige Handgriffe dabei nicht unwesentlich. Jedenfalls giebt es dergleichen Handgriffe zur Erleichterung der Arbeit viele, und deren mehrere als ich aufzuführen vermag; denn da meine Versuche keine bestimmte technische Richtung hatten, so konnten sich mir solcher Erleichterungen auch nur einige darbieten; ich werde indeß nicht versäumen, die mir entgegen getretenen in Nachstehendem mitzutheilen.

Zuerst kommt es hierbei darauf an, wozu man die Gummimasse brauchen will, und hiernach richtet sich denn auch die Wahl eines mehr oder weniger konsistenten Teiges. Als Material zum Luft- und Wasserdichtmachen des Leders und verschiedener Zeuge, zu welchem Behuf das Federharz die größte Anwendung findet, ist denn ein möglichst weicher Teig nothwendig. Wenn die leichtere Bearbeitung nun aber auch einen solchen, oder gar eine flüssige

Masse verlangt, so muß man doch auch die ökonomischen Verhältnisse berücksichtigen, indem, je mehr von den Auflösungsmitteln angewendet werden, die Arbeit um so theurer wird. Ein Mittelweg hilft hier zwar aus, indessen müssen dann schon mechanische Hülfsmittel mitwirken, deren mehrere wieder aber nur ein Operiren im Großen erfinden kann.

Sollen also Zeuge oder Leder überzogen werden, so spannt man sie auf einer festen Unterlage, also auf einem Tisch, straff aus, zu welchem Ende man die Stoffe mit kleinen Nägeln rundum festnagelt. Jetzt nimmt man mit einem langen, stumpfen, möglichst biegsamen Messer etwa so viel wie ein großer Theelöffel faßt, von derjenigen Masse, welche auf einem Theil Federharz drei Theile Terpentinöl enthält, streicht dies fest auf das Zeug auf, und fährt damit fort, bis die ganze Fläche gedeckt ist. Man hüte sich hierbei, zu viel von der Masse mit einemmal zu nehmen, weil sie sich sonst nicht gleichförmig genug aufstreichen läßt. Ferner sei man bei einer Unterbrechung der Arbeit, wodurch also schon ein Austrocknen des bereits Aufgestrichenen erfolgt ist, vorsichtig, wenn man wieder anfängt, und komme nicht zu hart mit dem Messer auf das schon einigermaßen Trockene: es geschieht sonst, daß sich dies von dem Zeuge wieder loslöst. Wenn nach ein oder zwei Tagen der ganze Ueberzug trocken geworden, muß man nun beurtheilen, ob derselbe stark genug ist, widrigenfalls man einen zweiten darüber bringt. Hierbei gilt dasselbe, was ich hinsichtlich des zu harten Aufstreichens gesagt habe; überhaupt muß man, um nicht den ersten Aufstrich loszulösen, den zweiten etwas dicker machen.

Beide Seiten der Zeuge zu überziehen ist nicht erforderlich; indeß muß man nicht versäumen, auch die Schnitte sorgfältig zu dichten, indem beim Uebereinanderkleben sonst in die Schnitte Luft oder Wasser eindringen und endlich nach Außen gelangen. Eben so wenig halte ich es für nöthig, auf die Gummilage ein zweites Stück Zeug als Futter anzubringen. Hierdurch wird nicht allein die Waare vertheuert, sondern auch um vieles schwerer; auch läßt sich eine etwa vorkommende Reparatur viel schwieriger bewerkstelligen. Die geringe Klebrigkeit oder vielmehr Hackrigkeit, welche der Ueberzug eine Zeitlang behält, und die auch das natürliche Federharz auf den Schnittflächen zeigt, läßt sich auf andere Weise, worauf ich weiter unten zurückkommen werde, viel leichter beseitigen.

Wenn die hiesigen und auch die früheren englischen luft- und wasserdichten Zeuge, aus einem Ober- und Unterzeug bestehen, so ist dies deshalb nöthig, weil man zum Dichten eine Masse anwendet, welche nicht trocken wird, und nicht trocken werden darf, wenn sie ihrem Zwecke entsprechen soll; denn nach ihrem endlichen Austrocknen hat sie ihre Biegsamkeit und Elastizität verloren.

Dagegen ist es rathsam, nach der letzten Gummilage die Zeuge unter eine Presse zu bringen, weil schon eine große Uebung dazu gehört, das Aufstreichen des Gummiteiges ganz gleichförmig zu verrichten. Auch wird durch die Presse der Teig besser zwischen die Maschen der Zeuge gedrängt, als es vermittelst eines bloßen Druckes beim Auftragen möglich ist. Viel leichter würde man hier seinen Zweck erreichen, wenn es möglich wäre Walzen anzuwenden; mir ist dies indessen, bei einem einigermaßen dicken Auftrag, nicht besonders geglückt, indem sich der Teig sehr leicht vom Zeuge ab, und vor den Walzen herschiebt. Ich muß hierbei jedoch bevorworten, daß ich mich nur kleiner Walzen von $1\frac{1}{2}$ Zoll Durchmesser bedienen konnte, die freilich nicht besonders faßten, und gern herumglitten, ohne das Zeug hindurch zu schieben. Es ist also leicht möglich, daß vielleicht Walzen von $1\frac{1}{2}$ Fuß Durchmesser jeder Anforderung entsprechen. Das Pressen ist mir dahingegen, sogar mit ganz einfachen Apparaten, sehr gut geglückt; indeß kann das überzogene Zeug oder Leder nur immer theilweise unter die Presse gebracht werden, was freilich viel Zeit kostet und manche Unbequemlichkeit mit sich bringt.

Damit nun die noch weiche Gummi-Seite der Zeuge

beim Pressen nicht auf der Unterlage, die man, so wie die Ueberlage, etwas weich machen muß, (Löschpapier ist dabei sehr anwendbar) anklebet, so muß man sie ganz mit recht blank geglättetem Papier bedecken, und dies darauf andrücken. Es klebt darauf sogleich fest, und ist für den Augenblick nicht wieder davon zu trennen; nach dem Pressen aber, und wenn das Zeug ein paar Tage getrocknet hat, läßt sich das Papier sehr leicht und glatt wieder davon abziehen. Der Gummibezug ist jetzt völlig gleichförmig und glänzend, und das Zeug bis zum Hinwegnehmen der Klebrigkeit fertig.

Diese Klebrigkeit, die dem aufgelösten Federharz, eben so wie dem aus dem natürlichen Safte dargestellten, noch längere Zeit, selbst nach dem völligen Austrocknen, eigen ist, und die es zwar weniger an fremde Körper, als an sich selbst anheften macht, muß vor der Verarbeitung der damit überzogenen Zeuge hinweggeschafft werden. Sie giebt den Zeugen im Anfühlen nicht allein etwas Unangenehmes, sondern sie veranlaßt auch leicht ein Verderben der Arbeit, wenn die überzogenen Gegenstände mit den Gummiflächen zusammen kommen. Man muß sich daher bei der Handhabung eines frisch überzogenen Zeuges sehr hüten, daß dies nicht mit den Gummiflächen zusammenschlage. Diese haften augenblicklich an einander, und sind ohne Zerstörung des Ueberzuges nicht wieder zu trennen. Selbst nach einigen Wochen findet dies, bei der Neigung des Federharzes sich stets zu gleichen Massen zu vereinigen, noch statt, und es gleicht ganz der Vereinigung des natürlichen Federharzes auf frischen Schnittflächen (S. 6.). Nach längerer Zeit verschwindet das Zusammenkleben, doch nur durch das Auflagern fremder Körper, wie Staub u. dergl., auf die Oberfläche.

Ohne dies der Zeit anheim zu stellen, kann man sogleich vermittelnd einschreiten, indem man einen fremden Körper auf die Oberfläche des Ueberzuges bringt. Was man dazu anwende ist ziemlich gleichgültig, nur darf es keine Substanz seyn, die nachtheilig auf das Federharz einwirkt, wie solche

Harze, welche in ätherischen Oelen auflöslich sind. Alle andere feinpulverige glatte Substanzen, oder dünne nasse Ueberzüge, thun dieselben Dienste. Von den ersteren sind zu empfehlen: feingeriebener Talk, der Saamen des Lykopodiums (Streupulver) und wenn es auf die Farbe nicht ankommt, noch besser, Graphit oder Schwefelmolybdän (Wasserblei). Als nasse Ueberzüge sind anwendbar: eine etwas dicke Auflösung von Gummi arabicum in Wasser, oder noch besser, eine Auflösung von Schellack in Weingeist. Diese nassen Ueberzüge halten übrigens nur eine zeitlang aus, sie schilbern endlich gänzlich wieder ab; doch hat man nach diesem kein Zusammenkleben mehr zu befürchten. Einen größern Nachtheil haben sie indeß darin, daß, wenn die Gummiauflösung noch nicht völlig ausgetrocknet ist, was man freilich immer erst abwarten sollte, die gänzliche Austrocknung nur langsam von statten geht, weil das Auflösungsmittel jetzt schwerer verdunsten kann.

Sollen die gegummiten Zeuge zu wasserdichten Kleidern oder Luftkissen verarbeitet werden, so ist ein Zusammennähen in der Regel nicht nöthig. Man darf vielmehr die Theile nur mit etwas, sorgfältig aufgestrichener, weicher Gummimasse zusammen kleben, und höchstens auswendig noch die Zusammenfügungen mit derselben Masse überstreichen. Die außerordentliche Bindungsfähigkeit des Federharzes schützt vollständig gegen ein Auseinandergehen, und das Zeug reißt eher an einer andern Stelle als auf den Löthungen.

Außer zum Ueberziehen von Zeugen u. dergl., ist das aufgelöste Federharz nun noch zur Darstellung von Gegenständen aus dem reinen Material zu gebrauchen. Hierher gehört das Bilden mehr oder weniger dünner Platten, ja ganzer Gefäße. Platten lassen sich im Ganzen sehr leicht darstellen, und zwar in folgender Weise: man nehme einen Gummiteig von zwei Theilen Terpentinöl auf einen Theil Gummi, lege eine beliebige Quantität auf einen Preßspahn, das ist eine dünne, feste, geglättete Pappe, die von den Tuchbereitern gebraucht wird, drücke die Masse etwas breit, und walze sie mit einem gut durchnäßten Mangelholz, wie einen Kuchenteig so dünn als man will. Hierbei hat man nur zu beobachten, daß die Temperatur, bei der man die Operation vornimmt, nicht zu niedrig sey, indem der Teig dann etwas ungefügig ist; daß man langsam walzt; und, daß das Mangelholz zwar gut durchnäßt, auf der Oberfläche aber nicht triefend sey, weil es sonst den Preßspahn naß macht, und ihn dadurch verhindert den Teig anzunehmen. Das Walzen selbst muß man ferner nicht so weit treiben, daß die Platte gleich die Stärke erhält, die man haben will, denn sie trocknet nachher um ein sehr Bedeutendes ein, weil $\frac{2}{3}$ von der ganzen Masse als Auflösungsmittel verschwinden, die Platte also nur $\frac{1}{3}$ von der ihr gegebenen Stärke behält.

Sehr gut ist es übrigens, wenn man die so dargestellten Platten mit Glanzpapier (man nehme indeß kein schwarzes) bedeckt, unter die Presse bringt, und etwa 12 Stunden einem guten Drucke ausgesetzt seyn läßt. Nimmt man sie unter der Presse hervor, so lasse man das Papier noch einige Tage darauf, denn erst nach dieser Zeit läßt es sich leicht ablösen. Auf dem Preßspahn lasse man die Platte bis zu ihrer völligen Austrocknung; sie zieht sich sonst, selbst in ihren Grenzen, um ein beträchtliches zusammen. Den Preßspahn kann man zu wiederholtenmalen gebrauchen, obschon sich eine bedeutende Menge des Auflösungsmittels hineinpreßt, was durch einen heftigen Druck bis wenigstens zur Hälfte desselben gebracht werden kann. Die Platten werden nachher gleichfalls mit einem der angegebenen Pulver eingerieben, oder mit Schellackauflösung überzogen, und sind zum weiteren Gebrauch fertig.

Um Gegenstände ganz aus Federharz darzustellen, bedient man sich entweder desselben Teiges wie zu den Platten, und preßt denselben in hölzernen, durchnäßten Formen aus, in denen man indeß das dargestellte einige Zeit lassen muß, damit es größtentheils ausgetrocknet ist, bevor man es herausnimmt. Ich habe hierin wenig Erfahrung, indem mir nur einige Versuche zur Seite stehn, die bei der Plastizität des Gummiteiges ganz gut ausgefallen sind. Andererseits kann man auch Modelle von Thon machen und, nachdem sie trocken geworden sind, mit dem, zum Ueberziehen der Zeuge brauchbaren Teig, überstreichen. Es gehört hierzu natürlich einige Geschicklichkeit, wenn die Gegenstände gleichförmig starke Wände, und ein glattes Ansehn erhalten sollen. Besser fällt dies freilich aus, wenn man eine Auflösung anwendet, die sich mit dem Pinsel streichen läßt; indeß ist dies kostbarer und erfordert mehr Zeit, da man, um dickere Wände zu erhalten, nach dem jedesmaligen Trocknen des vorhergehenden, sehr viele Ueberzüge machen muß. Nach dem völligen Austrocknen der Masse, zerschlägt man, in den beiden letzten Fällen, entweder die Form mit einem hölzernen Hammer, oder wirft das Ganze in Wasser, wo denn das Modell im Laufe einiger Tage aufweicht, und herausgewaschen werden kann. Damit sich dies übrigens gleichförmiger bewerkstelligen lasse, vermische man den zum Modell zu verwendenden Thon mit gleichviel feinem Sand, wodurch das Modell sich nicht allein leichter zerschlagen läßt, sondern auch leichter aufweicht.

Wenn sich demnach das Federharz zu den mannichfachsten Gegenständen verarbeiten läßt, und, mit seinen unschätzbaren Eigenschaften, in den Händen industriöser Männer bald die größte Nutzanwendung finden wird, so muß man die daraus gefertigten Arbeiten, ungeachtet der großen Indifferenz dieses Materials gegen die stärksten Reagenzien, denn doch vor manchen Einflüssen schützen; und ich kann diese Schrift nicht eher schließen, bevor ich nicht insbesondere hierauf aufmerksam gemacht habe. Schon aus den früheren Erörterungen, in Bezug auf die Zersetzung des Federharzes, machen sich mehrere, an sich milde Substanzen nahmhaft, welche eine eingreifende Wirkung auf dasselbe haben, vor deren Berührung man also alle aus Federharz gebildete, oder damit überzogene Substanzen hüten muß. Zur besseren

Uebersicht will ich jene schädlichen Substanzen hier am Schluß der Schrift noch einmal aufführen, und ihnen diejenigen anreihen, die mir anderweitig bemerkbar geworden sind.

Man hüte also die Federharz-Gegenstände, und besonders solche, die sehr dünn gearbeitet sind, vor der Berührung mit: Undestillirten ätherischen Oelen, venetianischem Terpentin, Firnissen, deren Harze in ätherischen Oelen auflöslich sind, trocknenden fetten Oelen (Leinöl, Mohnöl) und den daraus gebildeten Firnissen, und endlich in Wasser aufgelösten Seifen, besonders Oelseifen.

Hauptsächlich sind jene Substanzen den frischen Ueberzügen und Gegenständen nachtheilig; man entferne also vorzüglich diese von deren Einflüssen. Sollte der Zufall indessen doch eine längere Berührung damit veranlaßt haben, so bestreue man die angegriffenen Stellen mit feingepulvertem Schwefel, und reibe diesen darauf ein; die fortgehende Zersetzung wird dadurch gehemmt, und man hat kein weiteres Umsichgreifen derselben mehr zu fürchten.

Berlin, gedruckt bei Brandes und Klewert.

FSC
www.fsc.org
MIX
Papier | Fördert gute Waldnutzung
FSC® C083411

Zeitfracht Medien GmbH
Ferdinand-Jühlke-Straße 7
99095 Erfurt, Deutschland
produktsicherheit@kolibri360.de